Konrad Reif

Herausgeber

Bremsregelsysteme und Fahrerassistenzsysteme 1

Grundlagen und Komponenten

Herausgeber
Prof. Dr.-Ing. Konrad Reif
Duale Hochschule Baden-Württemberg
Ravensburg, Campus Friedrichshafen
Friedrichshafen, Deutschland
editor@reif.re

Grundlagen Kraftfahrzeugtechnik lernen

ISBN 978-3-658-13988-9

Die Deutsche Nationalbibliothek verzeichnet diese Publikation in der Deutschen Nationalbibliographie; detaillierte bibliographische Daten sind im Internet über http://dnb.d-nb.de abrufbar.

Springer Vieweg
© Springer Fachmedien Wiesbaden GmbH 2018

Gedruckt auf säurefreiem und chlorfrei gebleichtem Papier.

Springer Vieweg ist Teil von Springer Nature
Die eingetragene Gesellschaft ist Springer Fachmedien Wiesbaden GmbH
Die Anschrift der Gesellschaft ist: Abraham-Lincoln-Str. 46, 65189 Wiesbaden, Germany

Vorwort

Die beständige, jahrzehntelange Vorwärtsentwicklung der Fahrzeugtechnik zwingt den Fachmann dazu, mit dieser Entwicklung Schritt zu halten. Dies gilt nicht nur für junge Leute in der Ausbildung und die Ausbilder selbst, sondern auch für jeden, der schon länger auf dem Gebiet der Fahrzeugtechnik und -elektronik arbeitet. Dabei nimmt neben den klassischen Gebieten Fahrzeug- und Motorentechnik die Elektronik eine immer wichtigere Rolle ein.
Die Aus- und Weiterbildungsangebote müssen dem Rechnung tragen, genauso wie die Studienangebote.

Der Fachlehrgang „Grundlagen Kraftfahrzeugtechnik lernen" nimmt auf diesen Bedarf Bezug und bietet mit zehn Einzelthemen einen leichten Einstieg in das wichtige und umfangreiche Gebiet der Kraftfahrzeugtechnik. Eine fachlich fundierte und anwendungsorientierte Darstellung garantiert eine direkte Verwertbarkeit des Fachlehrgangs in der Praxis. Die leichte Verständlichkeit machen diesen für das Selbststudium besonders geeignet.

Der hier vorliegende Teil des Fachlehrgangs mit dem Titel „Bremsregelsysteme und Fahrerassistenzsysteme 1" behandelt die Grundlagen zu Bremsregelsystemen und Fahrerassistenzsystemen in einer kompakten und übersichtlichen Form. Dabei wird auf allgemeine Themen zu Fahrerassistenzsystemen sowie auf Fahrphysik und Mensch-Maschine-Interaktion bei Fahrerassistenzsystemen eingegangen. Außerdem werden Sensoren einschließlich Sensorik zur Fahrzeugrundumsicht und das Hydroaggregat behandelt. Dieser Teil des Fachlehrgangs wurde aus den Büchern „Bremsen und Bremsregelsysteme" und „Fahrstabilisierungssysteme und Fahrerassistenzsysteme" aus der Reihe Bosch Fachinformation Automobil zusammengestellt.

Friedrichshafen, im Oktober 2017   Konrad Reif

Inhaltsverzeichnis

Fahrsicherheit im Kraftfahrzeug

Sicherheitssysteme	4
Grundlagen des Fahrens	6

Grundlagen der Fahrphysik

Reifen	14
Kräfte und Momente am Fahrzeug	17
Fahrzeuglängsdynamik	24
Fahrzeugquerdynamik	26
Definitionen	28

Fahrerassistenzsysteme

Motivation für den Einsatz von Fahrerassistenzsystemen	30
Klassifizierung von fahrerunterstützenden Systemen	33
Das sensitive Auto	35
Ausblick	38
Entwicklung von Fahrerassistenzsystemen	42

Mensch-Maschine-Interaktion bei Fahrerassistenzsystemen

Interaktionskanäle	48
Mensch-Maschine-Interface	49
Aspekte von Anmeldungen	53
Entwicklung für das HMI künftiger FAS/FIS	55

Sensoren

Einsatz im Kraftfahrzeug	56
Raddrehzahlsensoren	58
Hall-Beschleunigungssensoren	62
Mikromechanische Drehratesensoren	64
Lenkradwinkelsensoren	66

Hydroaggregat

Entwicklungsgeschichte	68
Aufbau	69
Druckmodulation	72

Sensorik für Fahrzeugrundumsicht

Übersicht	76
Ultraschalltechnik	77
Radartechnik	79
Lidar	87
Videotechnik	88
Range-Imager-Technik	91

Redaktionelle Kästen

Miniaturen	57
Bosch-Prüfzentrum Boxberg	63
ABS-Ausführungen	71
Entwicklung der Hydroaggregate	75

Verständnisfragen	92
Abkürzungsverzeichnis	93

Herausgeber

Prof. Dr.-Ing. Konrad Reif

Autoren

Dipl.-Ing. Friedrich Kost
(Grundlagen der Fahrphysik)

Dipl.-Ing. (FH) Ulrich Papert
(Raddrehzahlsensoren)

Dr.-Ing. Frank Heinen
Peter Eberspächer
(Hydroaggregate)

Prof. Dr.-Ing. Peter Knoll
(Fahrerassistenzsysteme, Sensorik für
Fahrzeuggrundumsicht, Einparksysteme, Adaptive
Fahrgeschwindigkeitsregelung, Prädiktive Sicher-
heitssysteme, Videobasierte Systeme, Nachtsicht-
systeme)

Dr. Dietrich Manstetten
(Fahrerzustanderkennung)

Dr. Gerd Gottwald
(Fahrzeug-Infrastruktur-Kommunikation)

Dr. Winfried König
(Entwicklung von Fahrerassistenzsystemen,
Mensch-Maschine-Interaktion)

Soweit nicht anders angegeben, handelt es
sich um Mitarbeiter der Robert Bosch GmbH.

Fahrsicherheit im Kraftfahrzeug

Neben den Komponenten des Antriebsstrangs (Motor, Getriebe), die für den Vortrieb des Kraftfahrzeugs sorgen, übernehmen auch die Fahrzeugsysteme, die den Vortrieb begrenzen und das Fahrzeug abbremsen, eine wichtige Rolle. Erst sie machen das sichere Bewegen des Fahrzeugs im Straßenverkehr möglich. Aber auch Systeme, die die Insassen bei Unfällen schützen, werden immer wichtiger.

Sicherheitssysteme

Auf die Fahrsicherheit im Straßenverkehr haben viele Größen einen Einfluss:
- der Zustand des Kraftfahrzeugs (z. B. Ausrüstungsgrad, Reifenzustand, Verschleißerscheinungen),
- die Wetter-, Straßen- und Verkehrsverhältnisse (z. B. Seitenwind, Straßenbelag oder Verkehrsdichte) sowie
- die Qualifikation des Fahrers, also seine Fähigkeiten und Befindlichkeiten.

Leistete früher – natürlich neben der Fahrzeugbeleuchtung – im Wesentlichen nur die Bremsanlage mit dem Bremspedal, den Bremsleitungen und den Radbremsen einen Beitrag zur Fahrsicherheit, so kamen immer mehr Systeme hinzu, die in die Bremsanlage eingreifen. Diese Sicherheitssysteme werden wegen ihres aktiven Eingriffs auch als *Aktive Sicherheitssysteme* bezeichnet.

Fahrsicherheitssysteme, wie sie in Fahrzeugen nach dem neuesten Stand der Technik integriert sind, verbessern in hervorragender Weise die Fahrsicherheit des Fahrzeugs.

Die Bremse ist eine wichtige Komponente im Kraftfahrzeug. Sie ist für das sichere Bewegen des Kraftfahrzeugs im Straßenverkehr unverzichtbar. Bei den niedrigen Geschwindigkeiten und der geringen Verkehrsdichte in der Anfangszeit der Automobilgeschichte waren die Ansprüche an die Bremsanlage im Vergleich zu heute wesentlich geringer. Im Lauf der Zeit wurde die Bremsanlage immer weiterentwickelt. Letztendlich sind die hohen Geschwindigkeiten, die heute mit den Autos gefahren werden können, nur deshalb möglich, weil zuverlässige Bremsanlagen das Fahrzeug auch in Gefahrensituationen sicher abbremsen und zum Stillstand bringen können. Die Bremsanlage ist damit ein wichtiger Bestandteil der Sicherheitssysteme im Kraftfahrzeug.

Wie in allen Bereichen des Kraftfahrzeugs hat auch bei den Sicherheitssystemen die Elektronik Einzug gehalten. Die mittlerweile an die Sicherheitssysteme gestellten Anforderungen können nur noch mit elektronischer Hilfe erfüllt werden.

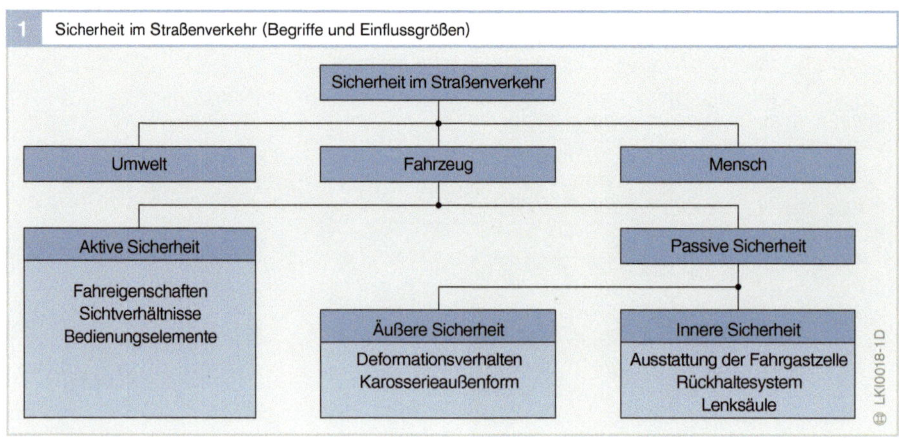

1   Sicherheit im Straßenverkehr (Begriffe und Einflussgrößen)

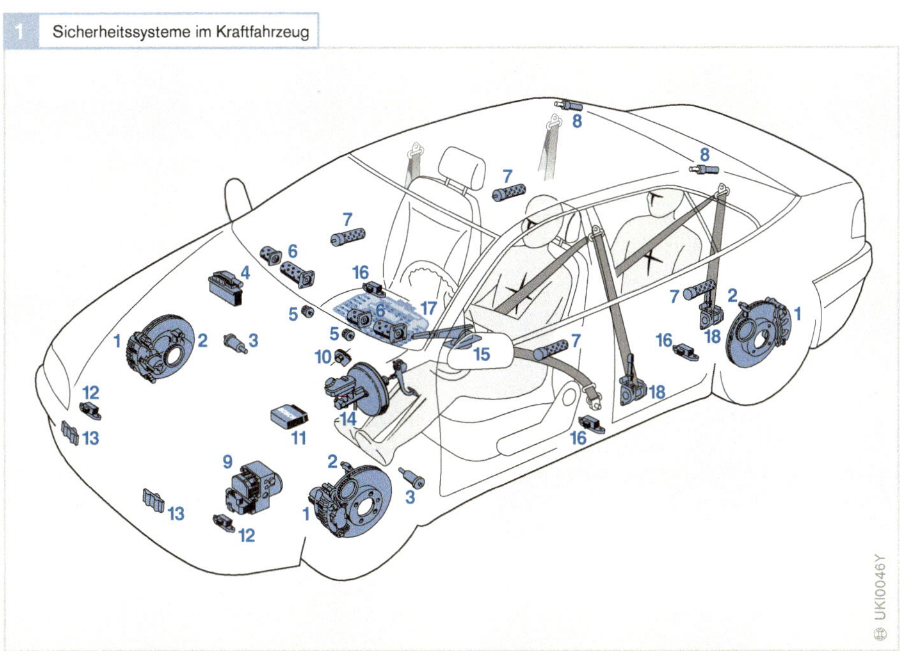

Aktive Sicherheitssysteme

Diese Systeme helfen, Unfälle zu vermeiden und tragen damit vorbeugend zur Sicherheit im Straßenverkehr bei. Beispiele für die aktiven Fahrsicherheitssysteme sind

- das ABS (**Antiblockiersystem**),
- die ASR (**Antriebsschlupfregelung**) und
- das ESP (**Elektronische Stabilitäts-Programm**).

Diese Sicherheitssysteme stabilisieren das Fahrzeug in kritischen Situationen und erhalten dabei deren Lenkbarkeit.

Systeme wie die adaptive Fahrgeschwindigkeitsregelung (ACC, **Adaptive Cruise Control**) leisten neben dem Beitrag zur Fahrsicherheit im Wesentlichen einen Beitrag zum Fahrkomfort, indem der Abstand zum vorderen Fahrzeug durch automatisches Gaswegnehmen oder auch durch aktive Bremseingriffe eingehalten wird.

Passive Sicherheitssysteme

Diese Systeme dienen dem Schutz der Insassen vor schweren Verletzungen im Fall eines Unfalls. Sie senken die Verletzungsgefahr und mildern die Unfallfolgen.

Beispiele für passive Sicherheitsausrüstung sind der gesetzlich vorgeschriebene Sicherheitsgurt sowie der Airbag, der inzwischen an verschiedenen Stellen innerhalb der Fahrgastzelle als Front- oder Seitenairbag zu finden ist.

Bild 1 zeigt ein Fahrzeug mit den Sicherheitssystemen und ihren Komponenten, wie sie in Fahrzeugen nach dem jetzigen Stand der Technik zu finden sind.

Grundlagen des Fahrens

Verhalten des Fahrers

Um das Fahrverhalten eines Fahrzeugs an den Fahrer und sein Fahrvermögen anpassen zu können, ist es notwendig, das Verhalten des Fahrers zu analysieren. Grundsätzlich wird das Handeln des Fahrers folgendermaßen unterteilt:
- das Führungsverhalten und
- das Stabilisierungsverhalten.

Das Führungsverhalten ist gekennzeichnet vom „Vorausschauen können" des Fahrers, d.h. von seiner Fähigkeit, die Bedingungen und Verhältnisse des jeweiligen Moments einer Fahrt abzuschätzen und daraus z. B. folgende Schlüsse zu ziehen:
- wie stark er das Lenkrad einzuschlagen hat, um die folgende Kurve spurgenau durchfahren zu können,
- wann er beginnen muss zu bremsen, um rechtzeitig anhalten zu können oder
- wann er den Beschleunigungsvorgang einleiten muss, um gefahrlos überholen zu können.

Lenkradeinschlag, Bremsen und Gasgeben sind wichtige Führungselemente, die umso exakter eingesetzt werden können, je größer die Erfahrung des Fahrers ist.

Während der Fahrer das Fahrzeug stabilisiert (Stabilisierungsverhalten), stellt er fest, dass es Abweichungen von der Sollstrecke (dem Fahrbahnverlauf) gibt und dass er die abgeschätzte Voreinstellung bzw. Vorsteuerung (Lenkradstellung, Gaspedalstellung) korrigieren muss, um das Schleudern oder das Abkommen von der Fahrbahn zu verhindern. Je besser also die Abschätzung des Fahrers im Führungsverhalten ist, desto weniger muss er nachträglich stabilisieren (korrigieren), desto stabiler bleibt das Fahrzeug. Solche Korrekturen werden immer geringer, je besser Voreinstellung (Lenkradeinschlag) und Fahrbahnverlauf übereinstimmen, da sich das Fahrzeug bei geringfügigen Korrekturen „linear" verhält (Fahrervorgaben werden proportional ohne große Abweichungen auf die Straße übertragen).

Der erfahrene Fahrer kann die Fahrzeugbewegung anhand seiner Fahrvorgaben und aufgrund vorhersehbarer Einwirkungen von außen (z. B. Kurven, herannahende Baustellen o. Ä.) wirklichkeitsnah abschätzen. Beim unerfahrenen Fahrer dauert dieser Anpassungsvorgang länger und ist mit größeren Unsicherheitsfaktoren belastet. Daraus folgt für den unerfahrenen Fahrer, dass der Schwerpunkt seines Fahraufwands im Stabilisierungsverhalten liegt.

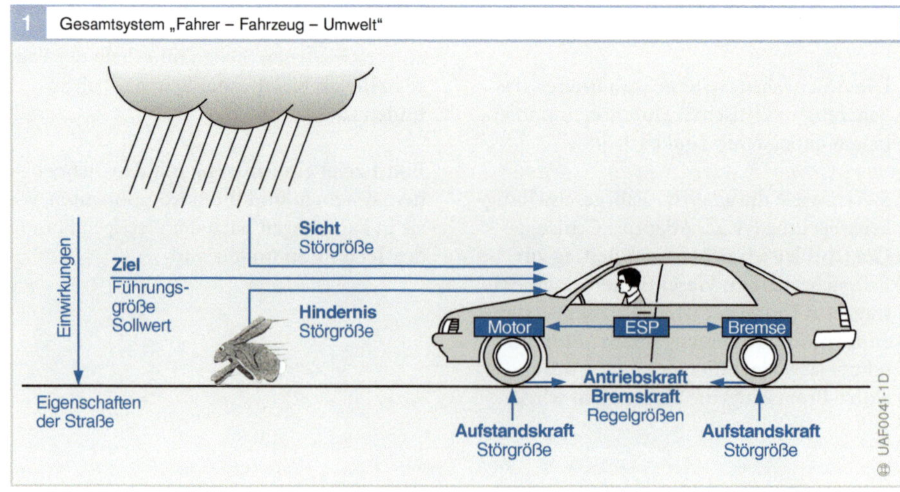

Tritt für Fahrer und Fahrzeug ein unvorhergesehenes Ereignis ein (z. B. unerwartet scharfe Kurve bei gleichzeitig behinderter Sicht o. Ä.), so kann der Fahrer falsch reagieren und in der Folge das Fahrzeug ins Schleudern geraten. Das Fahrzeug verhält sich dann nichtlinear, d. h. für den Fahrer nicht mehr vorhersehbar, und bewegt sich im physikalischen Grenzbereich. In dieser Situation sind sowohl der erfahrene als auch der unerfahrene Fahrer mit der Fahrzeugbeherrschung überfordert.

Unfallursachen und Unfallverhütung

Im Straßenverkehr ist der überwiegende Teil aller Unfallursachen bei „Unfällen mit Personenschaden" auf personenbezogenes Fehlverhalten zurückzuführen. Unfallstatistiken zeigen, dass dabei eine nicht angepasste Geschwindigkeit die Hauptunfallursache ist. Weitere Ursachen sind

- falsche Straßenbenutzung,
- Abstandsfehler,
- Vorfahrts-/Vorrangfehler oder
- falsches Abbiegen und
- Fahren unter Alkoholeinfluss.

Technische Mängel (Beleuchtung, Bereifung, Bremsen usw.) bzw. fahrzeugbezogene Ursachen wurden in nur geringem Maße registriert. Andere, vom Fahrer nicht beeinflussbare, unfallbezogene Ursachen (z. B. Wetter) waren dagegen schon häufiger festzustellen.

Anhand dieser Fakten wird deutlich, dass die Sicherheitstechnik eines Fahrzeugs (in besonderem Maße die dafür notwendige Elektronik) immer weiter verbessert werden muss, um

- den Fahrer in Extremsituationen bestmöglich zu unterstützen,
- Unfälle zu vermeiden oder
- Unfallfolgen zu mildern.

In fahrkritischen Situationen gilt es deshalb, das Fahrzeugverhalten in Grenzbereichen und extremen Fahrsituationen für den Fahrer „vorhersehbar" zu machen. Die Erfassung verschiedener Parameter (Drehzahl der Räder, Querbeschleunigung, Giergeschwindigkeit usw.) und deren elektronische Weiterverarbeitung in einem oder mehreren Steuergeräten hilft, die Vorgänge in extrem kurzer Zeit durch geeignete Maßnahmen „beherrschbarer" zu machen.

Folgende Situationen oder Gefahren sind Beispiele für mögliche Erfahrungen mit Grenzbereichen:

- sich verändernde Straßen-/Witterungsverhältnisse,
- Konflikte mit anderen Verkehrsteilnehmern,
- Konflikte mit Tieren bzw. Hindernissen auf der Fahrbahn oder
- ein plötzlicher Schaden (geplatzter Reifen) am Fahrzeug.

Kritische Situationen im Straßenverkehr

Kritische Situationen im Straßenverkehr zeichnen sich dadurch aus, dass sich die Verkehrssituation sehr schnell ändert, etwa durch ein plötzlich auftauchendes Hindernis oder plötzlich wechselnden Fahrbahnzustand. Hinzu kommt oft auch ein Fehlverhalten der Autofahrer, die mangels Erfahrung in kritischen Situationen bei zu hoher Geschwindigkeit oder wegen Unaufmerksamkeit falsch reagieren.

In der Regel erkennt der Fahrer nicht, inwieweit er mit Ausweich- oder Bremsmanövern in kritischen Fahrsituationen einen physikalischen Grenzbereich berührt, da er fast nie in derart kritische Fahrsituationen gerät. Er erkennt nicht, inwieweit er das zur Verfügung stehende Kraftschlusspotenzial zwischen Reifen und Fahrbahn bereits „aufgebraucht" hat oder ob das Fahrzeug gerade an der Grenze zur Manövrierunfähigkeit bzw. zum Schleudern steht. Demzufolge ist er in solchen Momenten unvorbereitet und reagiert deshalb falsch oder zu heftig. Unfälle oder Situationen, die andere Verkehrsteilnehmer gefährden, sind die Folge.

Unfälle können aber auch über die bereits genannten Unfallursachen hinaus, z. B. durch eine nicht angepasste Technik oder mangelhafte Infrastruktur (schlechte Verkehrswegekonzepte, veraltete Verkehrsleitführung), verursacht werden.

Verbesserungen des Fahrverhaltens eines Fahrzeugs und der Fahrerunterstützung in kritischen Situationen können nur dann als solche gewertet werden, wenn sie nachhaltig sowohl Unfallzahlen als auch -folgen senken. Um eine solche kritische Situation zu entschärfen bzw. zu bewältigen, sind schwierige Fahrmanöver notwendig, z. B.
- schnelles Lenken und Gegenlenken,
- Fahrspurwechsel in Verbindung mit einer Vollbremsung,
- Spurhalten bei beschleunigter Kurvenfahrt oder wechselndem Fahrbahnbelag.

Die Folge davon ist fast immer ein fahrdynamisch kritisches Verhalten des Fahrzeugs, d. h., es verhält sich wegen zu geringer Haftung der Reifen nicht mehr so, wie es den Erwartungen des Fahrers entspricht und weicht vom gewünschten Kurs ab.

Der Fahrer ist aufgrund mangelnder Erfahrung in solchen Grenzsituationen häufig nicht mehr in der Lage, das Fahrzeug zu einer kontrollierten Bewegung zurückzuführen. Oft gerät er dadurch sogar in Panik und reagiert falsch oder zu stark. Hat er beispielsweise bei einem Ausweichmanöver das Lenkrad zu heftig eingeschlagen, lenkt er noch heftiger in die Gegenrichtung, um die Bewegung wieder auszugleichen. Mehrfaches Lenken und Gegenlenken mit immer stärkerem Lenkradeinschlag führen dann dazu, dass sich das Fahrzeug nicht mehr beherrschen lässt und zu schleudern beginnt.

Fahrverhalten

Das Verhalten eines Fahrzeugs im Straßenverkehr wird durch verschiedene Einflüsse bestimmt, die sich grob in drei Bereiche einteilen lassen:
- Fahrzeugeigenschaften,
- Verhalten, Leistungsvermögen und Reaktionsfähigkeit des Fahrers und
- umgebende Bedingungen.

Die Bauweise und Auslegung eines Fahrzeugs beeinflussen dessen Bewegungen und dessen Fahrverhalten.

Das Fahrverhalten ist die Fahrzeugreaktion auf Fahrerhandlungen (z. B. Lenken, Gasgeben, Bremsen) und auf Störungen von außen (z. B. Fahrbahnzustand, Wind). Gutes Fahrverhalten zeigt sich in der Fähigkeit, den Kurs exakt zu halten und damit die Aufgabe eines Fahrers voll zu erfüllen. Dabei hat der Fahrer die Aufgaben,
- seine Fahrt den Verkehrs- und Straßenverhältnissen anzupassen,
- die geltenden Gesetze im Straßenverkehr zu befolgen,
- der Fahrstrecke, gegeben durch den Straßenverlauf, bestmöglich zu folgen und
- vorausschauend und verantwortungsbewusst sein Fahrzeug zu führen.

So gleicht der Fahrer die Fahrzeuglage und die Fahrzeugbewegungen immer wieder einem subjektiv empfundenen Idealzustand an. Er reagiert vorausschauend, handelt gemäß seiner Erfahrung und passt sich so dem aktuellen Straßenverkehrsgeschehen an.

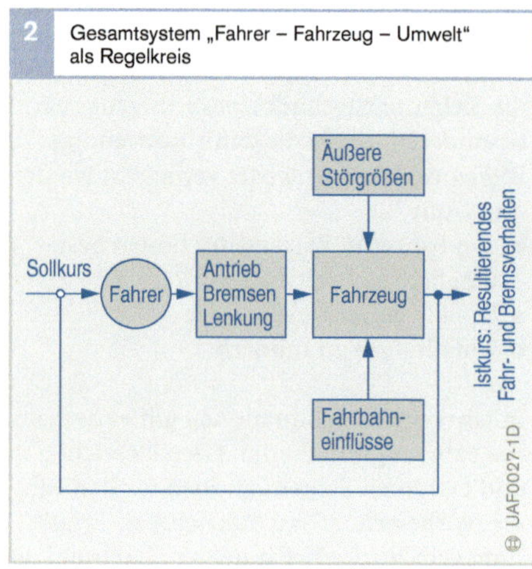

Beurteilung des Fahrverhaltens

Zur Beurteilung des Fahrverhaltens ist die subjektive Beurteilung durch versierte Fahrer noch immer der wichtigste Beitrag. Subjektive Wahrnehmungen lassen nur relative Bewertungen zu, geben also keinen Aufschluss über objektive „Wahrheiten". Subjektive Erfahrungen mit einem Fahrzeug können folglich nur vergleichend mit Erfahrungen an anderen Fahrzeugen eingesetzt werden.

Das Fahrzeugverhalten beurteilen Testfahrer in Fahrversuchen mit ausgewählten Fahrmanövern, die in ihrer Konzeption direkt am „normalen" Verkehrsgeschehen orientiert sind. In einem geschlossenen Regelkreis (englisch: *closed loop*) wird das Gesamtsystem (einschließlich Fahrer) beurteilt. Dabei wird der bezüglich seines Verhaltens nicht präzise zu definierende Fahrer durch eine objektiv vorgegebene Einleitung von Störgrößen ersetzt und die daraus resultierende Fahrzeugreaktion analysiert und beurteilt. Folgende, durch die ISO genormte oder sich im Normierungsprozess befindende Fahrmanöver (durchgeführt auf trockener Fahrbahn) dienen als anerkannte Verfahren der Fahrzeugbeurteilung bezüglich der Fahrzeugstabilität:

- Stationäre Kreisfahrt,
- Übergangsverhalten,
- Bremsen in der Kurve,
- Empfindlichkeit bei Seitenwind,
- Geradeauslaufverhalten und
- Lastwechsel bei Kreisfahrt.

Hierbei sind die Führungsgröße wie z. B. der Fahrbahnverlauf oder Fahreraufgaben von grundlegender Bedeutung. Der jeweilige Fahrer versucht seine Eindrücke und Erfahrungen während der Fahrmanöver, die er anhand seiner Fahreraufgaben durchführt, zu sammeln, um sie anschließend z. T. mit Eindrücken und Erfahrungen anderer Fahrer zu vergleichen. Die oft gefährlichen Fahrmanöver (z. B. von VDA standardisierter Ausweichtest, auch „Elch-Test" genannt), die von mehreren Fahrern durchgeführt werden, geben über die Eigenschaften und die Dynamik des zu untersuchenden Fahrzeugs Aufschluss:

- Stabilität,
- Lenk- und Bremsbarkeit sowie
- das Verhalten in Grenzsituationen sollen beschrieben und mit diesen Versuchen verbessert werden.

Die Vorteile dieses Verfahrens sind:

- das Gesamtsystem („Fahrer – Fahrzeug – Umwelt") kann geprüft werden und
- viele Situationen des täglichen Verkehrsalltages können realistisch simuliert werden.

Die Nachteile dieses Verfahrens sind:

- die große Streuung der Ergebnisse, da die Fahrereigenschaften, Wind- und Fahrbahnverhältnisse sowie die Anfangsbedingungen eines jeden Manövers unterschiedlich sind.
- Subjektive Wahrnehmungen und Erfahrungen können individuell interpretiert werden.
- Das Leistungsvermögen eines Fahrers kann über Erfolg oder Misserfolg einer Versuchsserie entscheiden.

Tabelle 1 (nächste Seite) enthält die wichtigsten Fahrmanöver zur Beurteilung des Fahrverhaltens im geschlossenen Regelkreis.

Eine objektive Festlegung der fahrdynamischen Eigenschaften im geschlossenen Regelkreis („Closed Loop"-Betrieb, d. h. mit dem Fahrer, Bild 2) ist bis heute in der Praxis noch nicht vollständig gelungen, da das Regelverhalten des Menschen subjektiv ausgeprägt ist.

Trotzdem gibt es neben objektiven Fahrtests verschiedene Testfahrten, die geübten Fahrern Aufschluss über die Fahrstabilität eines Fahrzeugs geben können (z. B. ein Slalomkurs).

1 Beurteilung des Fahrverhaltens					
Fahrzeug-verhalten	Fahrmanöver (Fahrervorgaben und vorgegebene Fahrsituation)	Fahrer greift ständig ein	Lenk-rad fest	Lenk-rad frei	Lenk-winkel-vorgabe
Geradeaus-verhalten	Geradeauslauf-Spurhaltung	●	●	●	
	Lenkungsansprechen/Anlenken	●			
	Anreißen – Lenkung loslassen			●	
	Lastwechselreaktion	●	●	●	
	Aquaplaning	●	●	●	
	Geradeausbremsen	●	●	●	
	Seitenwindempfindlichkeit	●	●	●	
	Auftrieb bei hohen Geschwindigkeiten		●		
	Reifendefekt	●	●	●	
Übergangs-/ Übertragungs-verhalten	Lenkwinkelsprung				●
	Einfaches Lenken und Gegenlenken				●
	Mehrfaches Lenken und Gegenlenken				●
	Einfacher Lenkimpuls				●
	„Zufällige" Lenkwinkeleingabe	●			●
	Einfahrt in einen Kreis	●			
	Ausfahrt aus einem Kreis	●			
	Rückstellverhalten			●	
	Einfacher Fahrbahnwechsel	●			
	Doppelter Fahrbahnwechsel	●			
Kurven-verhalten	Stationäre Kreisfahrt		●		
	Instationäre Kreisfahrt	●	●		
	Lastwechselreaktion bei Kreisfahrt	●	●		
	„Reinfallen" der Lenkung			●	
	Bremsen in der Kurve	●	●		
	Aquaplaning in der Kurve	●	●		
Wechsel-kurven-verhalten	Wedeln, Slalom um Pylonen	●			
	„Handling-Pacours" (Teststrecke mit starken Kurven)	●			
	Pendeln – Anreißen/Beschleunigen			●	
Gesamt-verhalten	Kippsicherheit	●			●
	Reaktions- und Ausweichtests	●			

Tabelle 1

Fahrmanöver

Stationäre Kreisfahrt

Bei der stationären Kreisfahrt wird die maximal erzielbare Querbeschleunigung ermittelt. Außerdem lässt sich erkennen, wie sich die einzelnen fahrdynamischen Größen in Abhängigkeit von der Querbeschleunigung bis zum Erreichen des Maximalwertes ändern. Daraus lässt sich das Eigenlenkverhalten des Fahrzeugs beurteilen (Begriffe: Unter-, Über- und Neutralsteuern).

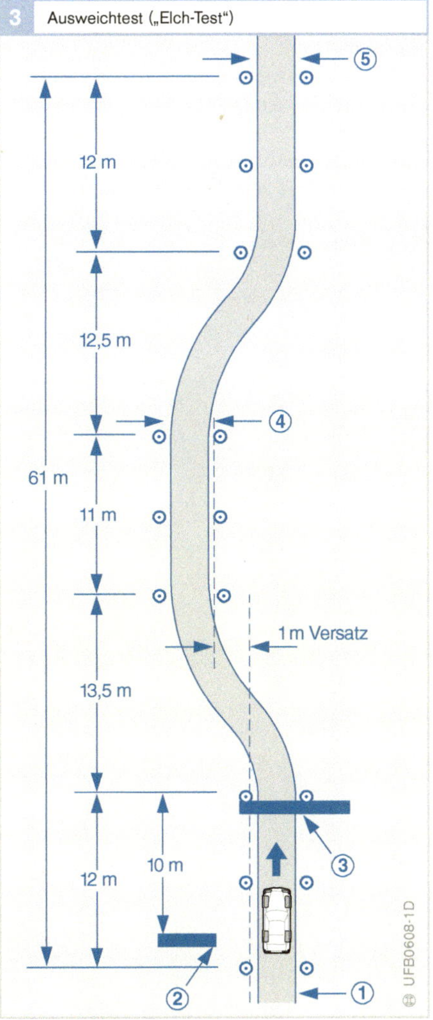

Übergangsverhalten

Neben dem stationären Eigenlenkverhalten (bei stationärer Kreisfahrt) ist auch das Übergangsverhalten eines Fahrzeugs von Bedeutung. Dazu zählen z. B. schnelle Ausweichmanöver nach anfänglicher Geradeausfahrt.

Der „Elch-Test" simuliert eine extreme Fahrsituation, wie sie beim abrupten Umfahren eines Hindernisses entsteht. Auf einer 50 m langen Teststrecke muss ein Fahrzeug bei einer bestimmten Geschwindigkeit ein Hindernis sicher umfahren, das vier Meter in die Fahrbahn hineinragt und eine Länge von 10 m hat (Bild 3).

Bremsen in der Kurve – Lastwechselreaktionen

Eines der im täglichen Fahrbetrieb kritischsten und deshalb für die Fahrzeugkonzeption wichtigsten Fahrmanöver ist das Bremsen in der Kurve.

Ob der Fahrer eines Fahrzeugs in einer Kurve plötzlich das Gaspedal zurücknimmt oder einfach bremst, ist physikalisch betrachtet nicht von Bedeutung: beides erzielt einen ähnlichen Effekt. Wegen der resultierenden Achslastverlagerung von hinten nach vorne wird der Schräglaufwinkel an der Hinterachse größer und an der Vorderachse kleiner, da sich die erforderliche Seitenkraft durch den vorgegebenen Kurvenradius und die Fahrzeuggeschwindigkeit nicht ändert: das Fahrverhalten verschiebt sich in Richtung „übersteuern".

Bei heckgetriebenen Fahrzeugen hat der Reifenschlupf einen geringeren Einfluss auf die Änderung des Eigenlenkverhaltens als bei frontgetriebenen Fahrzeugen. Daraus resultiert in diesem Fall ein stabileres Fahrverhalten bei heckgetriebenen Fahrzeugen.

Die Reaktionen des Fahrzeugs bei diesen Manöver müssen einen bestmöglichen Kompromiss zwischen Lenkfähigkeit, Fahrstabilität und Abbremsung darstellen.

Bild 3
Testbeginn:
Phase 1:
Höchster Gang
(Schaltgetriebe)
Schaltstufe D
bei 2000 min^{-1}
(Automatikgetriebe)

Phase 2:
Gaswegnahme

Phase 3:
Geschwindigkeitsmessung mit Lichtschranke

Phase 4: Lenkeinschlag
nach rechts

Phase 5:
Testende

Messgrößen

Hauptbeurteilungsgrößen der Fahrdynamik sind:
- Lenkradwinkel,
- Querbeschleunigung,
- Längsbeschleunigung bzw. Längsverzögerung,
- Giergeschwindigkeit,
- Schwimm- und Wankwinkel.

Zusätzliche Informationen dienen der Klärung eines bestimmten Fahrverhaltens zum Überprüfen anderer Messwerte:
- Längs- und Quergeschwindigkeit,
- Lenkwinkel der Vorder-/Hinterräder,
- Schräglaufwinkel an allen Rädern,
- Lenkradmoment.

Reaktionszeit

Im Gesamtsystem „Fahrer – Fahrzeug – Umwelt" spielt die Fahrerbefindlichkeit und damit die Reaktionszeit des Fahrers neben den definierten Größen eine entscheidende Rolle. Sie umfasst die Zeitspanne zwischen dem Wahrnehmen eines Hindernisses, der Entscheidung und dem Umsetzen des Fußes bis zum Berühren des Bremspedals. Diese Zeit ist nicht konstant; sie beträgt je nach den persönlichen Bedingungen und äußeren Umständen mindestens 0,3 Sekunden.

Die Bestimmung des individuellen Reaktionsverhaltens erfordert Spezialuntersuchungen (z. B. eines medizinisch-psychologischen Institutes).

Bewegungsvorgänge

Fahrzeugbewegungen lassen sich in gleichförmige Bewegungen (mit gleich bleibender Geschwindigkeit) und ungleichförmige Bewegungen (beim Anfahren/Beschleunigen und Bremsen/Verzögern mit sich ändernder Geschwindigkeit) unterteilen.

Der Motor erzeugt die für das Fahrzeug zur Fortbewegung notwendige Bewegungsenergie. Um den Bewegungszustand eines Fahrzeugs nach Größe und Richtung zu ändern, müssen in jedem Falle Kräfte von außen oder über Motor und Triebstrang auf das Fahrzeug einwirken.

Fahrverhalten bei Nutzfahrzeugen

Zur objektiven Beurteilung des Fahrverhaltens bei Nutzfahrzeugen werden verschiedene Fahrmanöver wie stationäre Kreisfahrt, Lenkwinkelsprung (Fahrzeugreaktion nach „Anreißen" mit vorbestimmtem Lenkradwinkel) und Bremsen in der Kurve durchgeführt.

Zugkombinationen weisen in der Regel ein anderes querdynamisches Verhalten auf als Solofahrzeuge. Besondere Beachtung finden dabei die Beladungsverhältnisse von Zugwagen und Anhänger sowie Bauart und Geometrie der Verbindung innerhalb einer Kombination.

Den ungünstigsten Fall bildet ein leeres Nkw-Zugfahrzeug mit beladenem Zentralachsanhänger. Der Betrieb einer solchen Fahrzeugkombination verlangt vom Fahrer eine besonders vorsichtige Fahrweise.

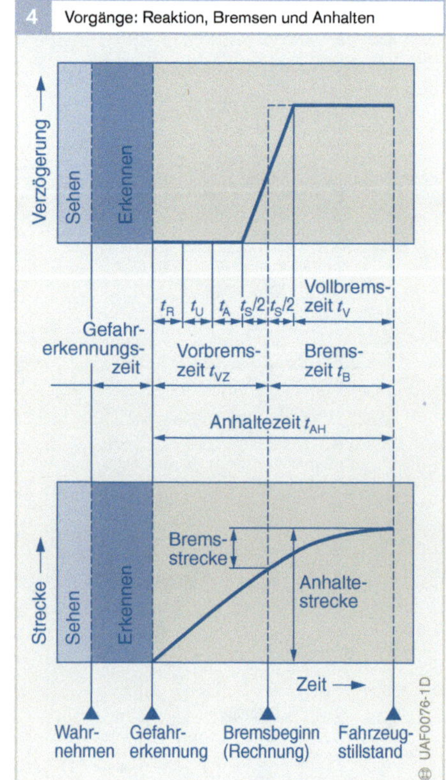

Bei Sattelzügen besteht beim Bremsen in extremen Situationen die Gefahr des Einknickens („Jackknifing"). Dieser Vorgang wird durch Seitenkraftverlust der Hinterachse des Zugfahrzeugs bei „Überbremsen" auf schlüpfriger Fahrbahn oder durch zu hohes Giermoment unter „µ-split"-Bedingungen (z. B. unterschiedliche Reibungswerte in der Fahrbahnmitte und am Fahrbahnrand). Jackknifing läßt sich mithilfe von Antiblockiersystemen verhindern.

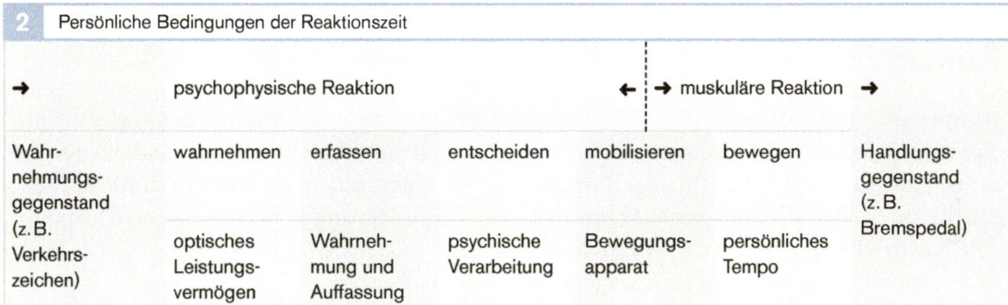

2   Persönliche Bedingungen der Reaktionszeit

→	psychophysische Reaktion			← → muskuläre Reaktion →		
Wahr-nehmungs-gegenstand (z. B. Verkehrs-zeichen)	wahrnehmen	erfassen	entscheiden	mobilisieren	bewegen	Handlungs-gegenstand (z. B. Bremspedal)
	optisches Leistungs-vermögen	Wahrneh-mung und Auffassung	psychische Verarbeitung	Bewegungs-apparat	persönliches Tempo	

Tabelle 2

3   Abhängigkeit der Reaktionszeit von persönlichen und äußeren Faktoren

kleine Reaktionszeit ←	→ große Reaktionszeit
Persönliche Faktoren des Fahrers	
eingeübte Reflexhandlung	Wahlhandlung
gute Verfassung, optimale Leistungsfähigkeit	schlechte Verfassung, z. B. Ermüdung
hohe Fahrbegabung	mindere Fahrbegabung
Jugendlichkeit	höheres Alter
Erwartungsspannung	Aufmerksamkeit, Ablenkung
körperliche und psychische Gesundheit	krankhafte körperliche oder psychische Störungen
	Schreckwirkung, Alkohol
Äußere Faktoren	
Verkehrssituation einfach, übersichtlich, vorausberechenbar, bekannt	Verkehrssituation kompliziert, unübersichtlich unberechenbar, nicht bekannt
wahrgenommenes Hindernis auffällig	wahrgenommenes Hindernis unauffällig
Hindernis im Blickfeld	Hindernis am Rande des Blickfelds
Schalt- und Bedienungselemente im Auto zweckmäßig angeordnet	Schalt- und Bedienungselemente im Auto unzweckmäßig angeordnet

Tabelle 3

Grundlagen der Fahrphysik

Bewegungsänderungen eines Körpers lassen sich nur durch Kräfte erreichen. Auf ein Fahrzeug wirken im Fahrbetrieb viele Kräfte ein. Eine wichtige Funktion übernehmen dabei die Reifen: jede Bewegungsänderung des Fahrzeugs führt über am Reifen wirkende Kräfte.

Reifen

Aufgabe

Ein Reifen ist das Verbindungselement zwischen Fahrzeug und Fahrbahn. An ihm entscheidet sich die Sicherheit eines Fahrzeugs. Der Reifen überträgt Antriebs-, Brems- und Seitenkräfte, wobei physikalische Gegebenheiten die Grenzen der dynamischen Belastung eines Fahrzeugs definieren. Entscheidende Beurteilungsmerkmale sind:
- Geradeauslauf,
- Kurvenstabilität,
- Haftung auf verschiedenen Fahrbahnoberflächen,
- Haftung bei unterschiedlicher Witterung,
- Lenkverhalten,
- Komfort (Federung, Dämpfung, Laufruhe),
- Haltbarkeit und
- Wirtschaftlichkeit.

Aufbau

Nach Technik und Entwicklungsstand werden mehrere Reifenbauarten unterschieden. Verschiedene Gebrauchs- und Notlaufeigenschaften, die ein herkömmlicher Fahrzeugreifen aufweisen sollte, bestimmen dessen Bauart.

Gesetzliche Vorschriften und Richtlinien geben vor, unter welchen Bedingungen welche Reifen verwendet werden müssen, bis zu welchen maximalen Geschwindigkeiten Reifen eingesetzt werden dürfen und welcher Klassifizierung Reifen unterworfen sind.

Radialreifen

Bei einem Reifen der Radialbauweise, der als Pkw-Reifen zum Standard geworden ist, verlaufen die Kordfäden der Karkasslage(n) auf kürzestem Weg „radial" von Wulst zu Wulst (Bild 1). Ein stabilisierender Gürtel umschließt die verhältnismäßig dünne, elastische Karkasse.

Bild 1

1	Felgenschulter
2	Hump
3	Felgenhorn
4	Karkasse
5	luftdichte Gummischicht
6	Gürtel
7	Lauffläche
8	Seitengummi
9	Wulst
10	Wulstkern
11	Ventil

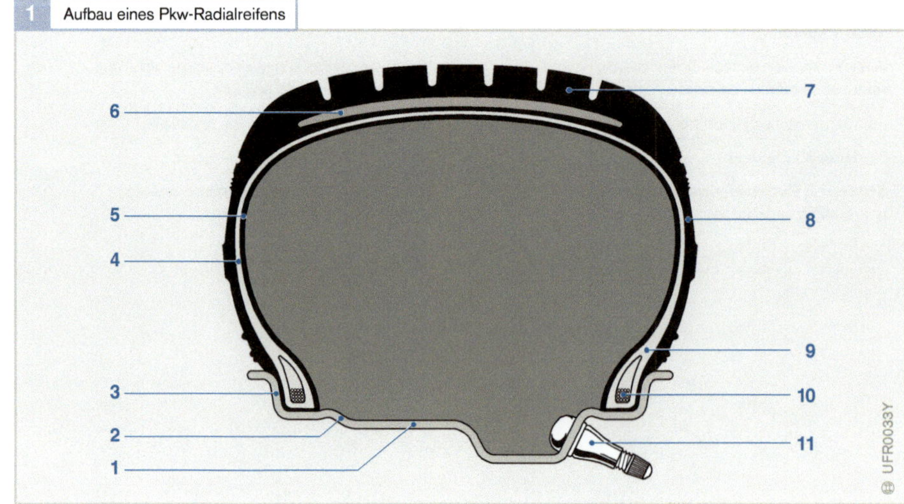

Diagonalreifen

Die Diagonalbauweise erhielt ihren Namen
von den „diagonal" (bias) zur Lauffläche
verlaufenden Kordfäden der Karkasslagen,
die sich kreuzen (cross ply). Dieser Reifen ist
nur noch für Motorräder, Fahrräder, Indus-
trie- und Landwirtschaftsfahrzeuge von Bedeutung. Bei Nutzfahrzeugen wird er zunehmend vom Radialreifen verdrängt.

Vorschriften

Kraftfahrzeuge und Anhänger müssen ent-
sprechend den europäischen Richtlinien
bzw. in den USA entsprechend dem *FMVSS
(Federal Motor Vehicle Safety Standard)* mit
Luftreifen versehen sein, die am ganzen
Umfang und auf der ganzen Breite der Lauf-
fläche Profilrillen oder Einschnitte mit einer
Tiefe von mindestens 1,6 mm aufweisen.

Personenkraftwagen und Kraftfahrzeuge mit
einem zulässigen Gesamtgewicht von weniger als 2,8 Tonnen und einer bauartbe-
stimmten Höchstgeschwindigkeit von mehr
als 40 km/h und ihre Anhänger dürfen entweder nur mit Diagonal- oder nur mit
Radialreifen ausgerüstet sein; im Fahrzeug-
zug gilt dies nur für das jeweilige Einzelfahr-
zeug. Dies gilt nicht für Anhänger hinter
dem Kraftfahrzeug, die mit einer Geschwindigkeit von höchstens 25 km/h gefahren
werden.

Anwendung

Die Voraussetzung für einen erfolgreichen
Einsatz ist die richtige Reifenauswahl nach
den Empfehlungen des Fahrzeug- oder Rei-
fenherstellers. Wird ein Fahrzeug rundum
mit Reifen gleicher Bauart bereift, so garantiert dies bestmögliche Fahrbedingungen.
Bezüglich Pflege, Wartung, Lagerung und
Montage sind bei Reifen besondere Hinweise der Reifenhersteller oder eines Fach-
mannes zu berücksichtigen, um eine maxi-
male Haltbarkeit bei größtmöglicher Sicherheit zu gewährleisten.

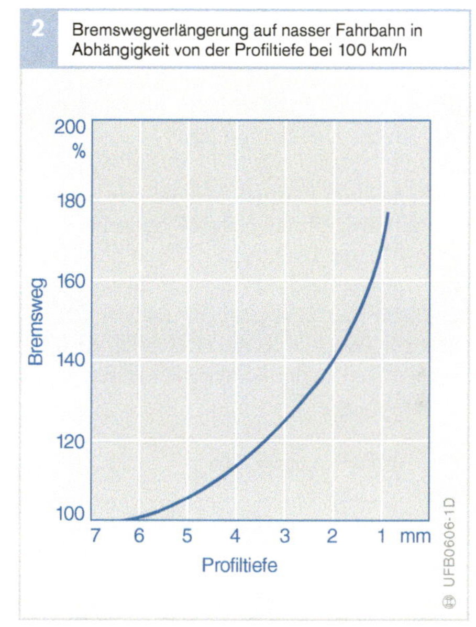

Beim Gebrauch der Reifen, also in „aufge-
zogenem Zustand", ist zu beachten, dass
● die Reifen ausgewuchtet sind und damit
  einen optimalen Rundlauf garantieren,
● für alle Räder der gleiche Reifentyp und
  die zum Fahrzeug passenden Reifen verwendet werden,
● die zugelassene Höchstgeschwindigkeit
  der Reifen nicht überschritten wird und
● die Reifen genügend Profiltiefe aufweisen.

Wenn die Profiltiefe eines Reifens zu gering
ist, dann steht auch entsprechend weniger
Material für den Schutz des darunter liegenden Gürtels bzw. der Karkasse zur Verfügung. Vor allem bei Personenkraftwagen
und schnellen Nutzfahrzeugen spielt die feh-
lende Profiltiefe auf nasser Fahrbahn wegen
des verminderten Kraftschlusses bezüglich
der Fahrsicherheit eine entscheidende Rolle.
Der Bremsweg wächst mit abnehmender
Profiltiefe überproportional (Bild 2). Besonders kritisch ist das Verhalten des Fahrzeugs
bei Aquaplaning, wenn kein Kraftschluss
mehr zwischen Fahrbahn und Reifen
herrscht und das Fahrzeug auch nicht mehr
lenkbar ist.

Reifenschlupf

Reifenschlupf, auch einfach „Schlupf" genannt, ergibt sich aus der Differenz der theoretisch und tatsächlich zurückgelegten Wegstrecke eines Fahrzeugs.

Anhand eines Beispiels soll dies verdeutlicht werden: Der Umfang eines Pkw-Reifens beträgt 2 Meter. Dreht sich das Rad nun zehnmal, müsste das Fahrzeug eine Strecke von 20 Metern zurücklegen. Der Reifenschlupf bewirkt jedoch, dass die tatsächlich zurückgelegte Strecke des gebremsten Fahrzeugs länger ist.

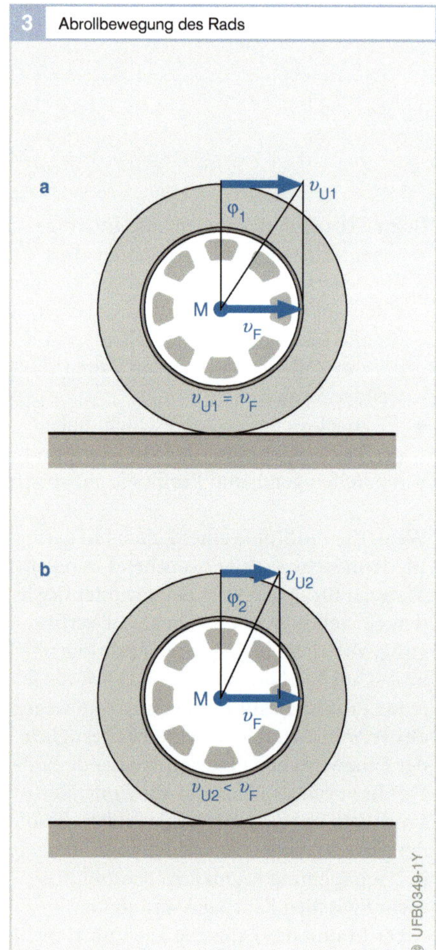

Bild 3

a Frei rollendes Rad
b gebremstes Rad
v_F Fahrzeuggeschwindigkeit am Radmittelpunkt M
v_U Radumfangsgeschwindigkeit

Beim gebremsten Rad wird der Drehwinkel φ pro Zeiteinheit kleiner (Schlupf)

Ursache für den Reifenschlupf

Beim Abrollen eines Rades unter Antriebs- oder Bremskräften spielen sich in der Reifenaufstandsfläche komplizierte physikalische Vorgänge ab, bei denen die Gummielemente in sich verspannt werden und partiellen Gleitbewegungen ausgesetzt sind, auch wenn das Rad noch nicht blockiert. Die Elastizität des Reifens bewirkt also, dass der Reifen deformiert wird und je nach Witterungs- und Fahrbahnbedingungen mehr oder weniger „Walkarbeit" verrichtet. Da der Reifen zu großen Teilen aus Gummi besteht, wird beim Auslauf aus der Kontaktzone (Reifenaufstandsfläche) nur ein Teil der „Deformationsenergie" zurückgewonnen. Der Reifen erwärmt sich dabei und es entstehen Energieverluste.

Darstellung des Schlupfs

Das Maß für den Gleitanteil der Abrollbewegung ist der Schlupf λ:

$$\lambda = (v_F - v_U)/v_F$$

Die Größe v_F ist die Fahrgeschwindigkeit, v_U ist die Umfangsgeschwindigkeit des Rads (Bild 3). Die Formel sagt aus, dass Bremsschlupf auftritt, sobald sich das Rad langsamer dreht als es der Fahrgeschwindigkeit entspricht. Nur unter dieser Bedingung können Bremskräfte bzw. Beschleunigungskräfte übertragen werden.

Da der Reifenschlupf infolge der Längsbewegung des Fahrzeugs entsteht, wird er auch als „Längsschlupf" bezeichnet. Für den beim Bremsen entstehenden Schlupf ist auch die Bezeichnung „Bremsschlupf" gebräuchlich.

Werden einem Reifen zusätzlich zum Schlupf noch andere Einflussgrößen überlagert (z. B. höhere Radlast oder extreme Radstellungen), werden die Kraftübertragungs- und Laufeigenschaften negativ beeinflusst.

Kräfte und Momente am Fahrzeug

Trägheitsprinzip

Jeder Körper ist bestrebt, entweder in seinem Ruhezustand zu verharren oder seinen Bewegungszustand beizubehalten. Um eine Änderung des jeweiligen Zustands herbeizuführen, muss eine Kraft aufgewendet bzw. übertragen werden. Wird z. B. bei Glatteis versucht, in einer Kurve zu bremsen, rutscht das Fahrzeug geradeaus weiter, ohne merklich langsamer zu werden und auf Lenkbewegungen zu reagieren. Auf Glatteis können nämlich nur sehr geringe Reifenkräfte übertragen werden.

Momente

Drehbewegungen von Körpern werden durch Momente beeinflusst. So wird z. B. die Drehbewegung der Räder durch das Bremsmoment verzögert und durch das Antriebsmoment beschleunigt.

Auch auf das gesamte Fahrzeug wirken Momente. Befindet sich das Fahrzeug zum Beispiel mit der einen Seite auf einer glatten Fahrbahn (z. B. Glatteis), mit der anderen Seite auf normal haftender Fahrbahn (z. B. Asphalt), so kommt es beim Bremsen zu einer Drehbewegung des Fahrzeugs um die Hochachse (μ-split-Bremsung). Diese Dreh-

bewegung wird duch das Giermoment verursacht, das durch die unterschiedlich hohen Kräfte an den Fahrzeugseiten entsteht.

Einteilung der Kräfte

Auf ein Fahrzeug wirken neben dem Fahrzeuggewicht (verursacht durch die Schwerkraft) unabhängig von seinem Bewegungszustand Kräfte ganz verschiedener Art (Bild 1). Einerseits handelt es sich dabei um

- Kräfte in Längsrichtung (z. B. Antriebskraft, Luftwiderstand oder Rollreibung), andererseits um
- Kräfte in Querrichtung (z. B. Lenkkraft, Fliehkraft bei Kurvenfahrt oder Seitenwind). Die Reifenkräfte in Querrichtung werden auch als Seitenführungskräfte bezeichnet.

Die Kräfte in Längs- und in Querrichtung werden auf die Reifen und schließlich auf die Fahrbahn „von oben" oder „von der Seite" übertragen. Dies geschieht über

- das Fahrgestell (z. B. Windkraft),
- die Lenkung (Lenkkraft),
- den Motor und das Getriebe (Antriebskraft) oder über die
- Bremsanlage (Bremskraft).

In der anderen Richtung wirken die Kräfte „von unten" von der Fahrbahn aus auf die

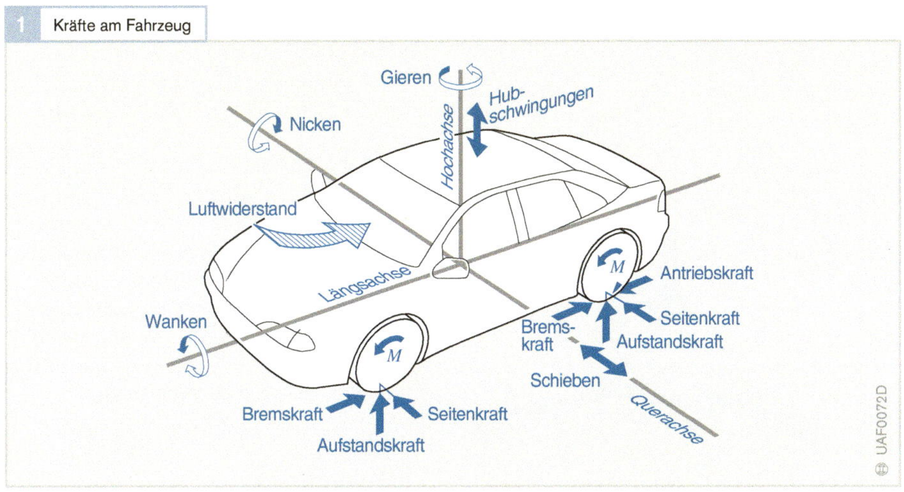

1 Kräfte am Fahrzeug

Reifen und damit auf das Fahrzeug. Denn: jede Kraft erzeugt eine Gegenkraft.

Grundsätzlich muss die antreibende Kraft des Motors (Motordrehmoment) – damit sich das Fahrzeug in Bewegung setzen kann – alle Fahrwiderstände (alle Längs- und Querkräfte) überwinden, die z. B. durch Fahrbahnlängs- und -querneigung verursacht werden.

Für die Beurteilung der Fahrdynamik oder auch der Fahrstabilität eines Fahrzeugs müssen die Kräfte bekannt sein, die zwischen den Reifen und der Straße wirken, also über diese Kontaktflächen (auch „Reifenaufstandsfläche" oder „Latsch" genannt) übertragen werden.

Mit zunehmender Fahrpraxis lernt ein Autofahrer, immer besser auf diese Kräfte zu reagieren: sie sind für ihn sowohl bei Beschleunigungen und Verzögerungen als auch bei Seitenwind oder Glätte spürbar. Bei sehr hohen Kräften, also sehr starken Bewegungszustandsänderungen, sind diese Kräfte auch gefährlich (Schleudern) oder zumindest durch quietschende Reifen vernehmbar (z. B. Kavalierstart) und erhöhen den Materialverschleiß.

Reifenkräfte

Nur über die Reifenkraft lässt sich gezielt eine gewollte Bewegung bzw. Bewegungsänderung erreichen. Die Reifenkraft setzt sich aus folgenden Komponenten zusammen (Bild 2):

Umfangskraft

Die Umfangskraft F_U entsteht durch den Antrieb bzw. das Bremsen. Sie wirkt in Längsrichtung auf die Fahrbahnebene (Längskraft) und ermöglicht es dem Fahrer, das Auto über das Gaspedal zu beschleunigen und über das Bremspedal abzubremsen.

Reifenaufstandskraft (Normalkraft)

Die Kraft zwischen Reifen und Straße (Fahrbahnoberfläche) senkrecht zur Fahrbahn wird als Reifenaufstandskraft oder auch Normalkraft F_N bezeichnet. Sie wirkt immer auf die Reifen, unabhängig vom Bewegungszustand des Fahrzeugs und damit auch bei Fahrzeugstillstand.

Die Aufstandskraft wird durch den Anteil des Fahrzeuggewichts plus Zuladung, der auf die einzelnen Räder entfällt, bestimmt. Sie ist auch von dem Steigungs- oder Gefällwinkel der Straße, auf der das Fahrzeug steht, abhängig. Den höchsten Wert für die Aufstandskraft ergibt sich auf ebener Fahrbahn.

Weitere Kräfte auf das Fahrzeug (z. B. größere Zuladung) erhöhen oder verringern die Aufstandskraft. Bei Kurvenfahrt werden die kurveninneren Räder entlastet und die kurvenäußeren Räder zusätzlich belastet.

Durch die Reifenaufstandskraft wird die Kontaktfläche des Reifens auf der Fahrbahn verformt. Da die Reifenseitenwände auch von dieser Verformung betroffen sind, kann sich die Aufstandskraft nicht gleichmäßig verteilen. Es entsteht eine trapezförmige Druckverteilung (Bild 2). Die Seitenwände des Reifens nehmen Kräfte auf, und der Reifen verformt sich je nach Belastung.

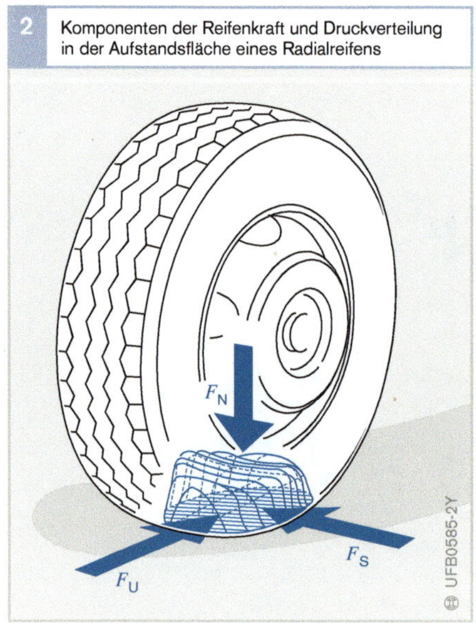

Bild 2

F_N Reifenaufstandskraft, auch als Normalkraft bezeichnet

F_U Umfangskraft (positiv: Antriebskraft; negativ: Bremskraft)

F_S Seitenkraft

Seitenkraft

Seitenkräfte wirken auf das Rad, z. B. bei eingeschlagener Lenkung oder Seitenwind. Sie bewirken eine Richtungsänderung des Fahrzeugs.

Bremsmoment

Beim Bremsen drücken die Bremsbeläge gegen die Bremstrommel (bei Trommelbremsen) bzw. die Bremsscheiben (bei Scheibenbremsen). Dabei entstehen Reibungskräfte, die der Fahrer durch den Druck auf das Bremspedal beeinflusst.

Das Produkt aus Reibungskräften und dem Abstand der Angriffspunkte dieser Kräfte von der Drehachse ergibt das Bremsmoment M_B.

Dieses Moment wird beim Bremsvorgang am Radumfang wirksam (Bild 1).

Giermoment

Das Giermoment um die Fahrzeughochachse wird durch unterschiedliche Längskräfte an der linken und rechten Fahrzeugseite bzw. unterschiedliche Seitenkräfte an der Vorder- und Hinterachse erzeugt. Giermomente sind erforderlich, um das Fahrzeug bei Kurvenfahrt in Drehung zu versetzen. Unerwünschte Giermomente, wie sie beim Bremsen auf μ-split (s. o.) oder mit schief ziehenden Bremsen auftreten können, lassen sich durch konstruktive Maßnahmen reduzieren. Der Lenkrollhalbmesser (LRH) ist der Abstand zwischen dem Radaufstandspunkt und dem Durchstoßpunkt der Radlenkachse in der Fahrbahnebene (Bild 3). Er ist negativ, wenn der Durchstoßpunkt der Radlenkachse – bezogen auf den Radaufstandspunkt – auf der Fahrzeugaußenseite liegt. Bremskräfte erzeugen im Zusammenwirken mit positivem und negativem Lenkrollhalbmesser durch Hebelwirkung Momente an der Lenkung, die zu einem bestimmten Lenkwinkel am Rad führen. Bei negativem Lenkrollhalbmesser wirkt dieser Lenkwinkel dem unerwünschten Giermoment entgegen.

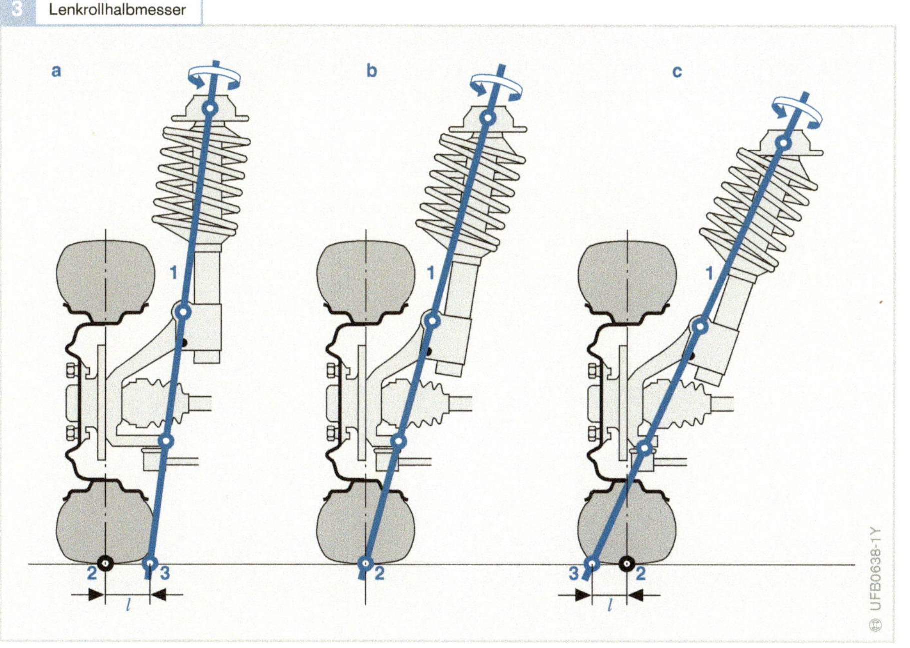

Bild 3

a   Lenkrollhalbmesser positiv:
   $M_{Ges} = M_T + M_B$
b   Lenkrollhalbmesser null: kein Giermoment
c   Lenkrollhalbmesser negativ:
   $M_{Ges} = M_T - M_B$

1   Radlenkachse
2   Radaufstandspunkt
3   Durchstoßpunkt
l Lenkrollhalbmesser
M_{Ges} Gesamtmoment (Giermoment)
M_T Trägheitsmoment
M_B Bremsmoment

Reibungskraft

Haftreibungszahl

Mit einem Bremsmoment entsteht zwischen
dem Reifen und der Fahrbahnoberfläche
eine Bremskraft F_B, die im stationären Fall
(keine Radbeschleunigung) proportional
zum Bremsmoment ist. Der Betrag der auf
die Fahrbahn übertragbaren Bremskraft
(Reibungskraft F_R) ist proportional der Reifenaufstandskraft F_N:

$$F_R = \mu_{HF} \cdot F_N$$

Der Faktor μ_{HF} heißt Haftreibungszahl bzw.
Reibungszahl oder Kraftschlussbeiwert. Er
kennzeichnet die Eigenschaft der verschiedenen Materialpaarungen Reifen/Fahrbahn
und alle Einflüsse, denen diese Paarungen
ausgesetzt sind.

Die Haftreibungszahl ist damit ein
Maß für die übertragbare Bremskraft. Sie
hängt ab
- vom Zustand der Fahrbahn,
- vom Zustand der Reifen,
- von der Fahrgeschwindigkeit und
- den Witterungsbedingungen.

Von der Haftreibungszahl hängt schließlich
ab, in welchem Maße das Bremsmoment
tatsächlich wirksam werden kann. Für Kraft-
fahrzeugreifen erreicht die Haftreibungszahl
ihre höchsten Werte auf trockener und
sauberer Fahrbahn, die niedrigsten auf Eis.
Zwischenmedien wie Wasser und Schmutz
verringern die Haftreibungszahl. Die Werte
in Tabelle 1 gelten für Straßendecken aus
Beton und Teermakadam in gutem Zustand.

Insbesondere auf nassen Fahrbahnoberflächen hängt die Haftreibungszahl stark
von der Fahrgeschwindigkeit ab. Beim
Bremsvorgang kann es bei höheren Geschwindigkeiten und entsprechenden Fahr-
bahnverhältnissen dann zum Blockieren
der Räder kommen, wenn durch eine zu
niedrige Haftreibungszahl keine Haftung der
Räder auf der Fahrbahnoberfläche gewähr-
leistet ist. Blockiert schließlich ein Rad, kann
es keine Seitenkräfte mehr übertragen, und
das Fahrzeug ist nicht mehr lenkbar. Bild 5
veranschaulicht die Häufigkeitsverteilung
der Haftreibungszahl an einem blockierten
Rad bei verschiedenen Geschwindigkeiten
auf nassen Fahrbahnen.

Die Reibungskraft zwischen Reifen und
Fahrbahn bestimmt die Kraftübertragung.
Die Sicherheitssysteme ABS (Antiblockiersystem) und ASR (Antriebsschlupfregelung)
nutzen dieses Angebot an Haftreibung
optimal.

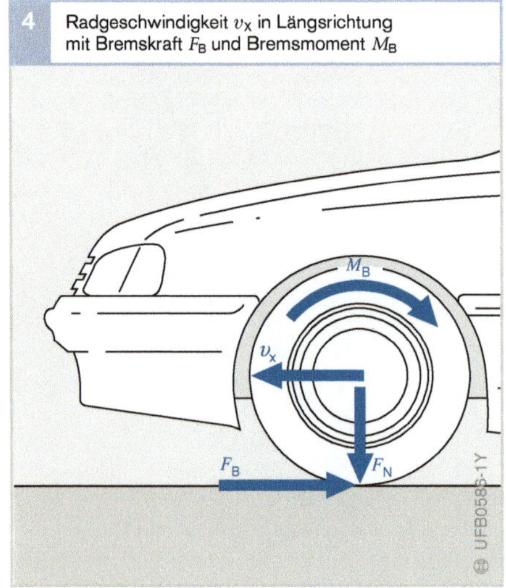

4   Radgeschwindigkeit v_x in Längsrichtung mit Bremskraft F_B und Bremsmoment M_B

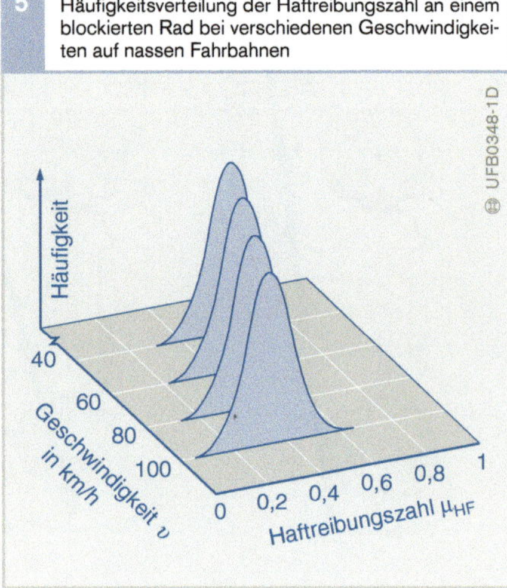

5   Häufigkeitsverteilung der Haftreibungszahl an einem blockierten Rad bei verschiedenen Geschwindigkeiten auf nassen Fahrbahnen

Aquaplaning

Der Betrag der Reibung geht gegen null, wenn sich durch Regen ein „Wasserfilm" auf der Fahrbahn bildet und das Fahrzeug „aufschwimmt": es kommt zu „Aquaplaning", und der Fahrbahnkontakt wird dabei aufgehoben. Der Grund dafür ist, dass sich bei Aquaplaning ein Wasserkeil unter die gesamte Aufstandsfläche des Reifens schiebt und diesen vom Boden abhebt. Aquaplaning ist abhängig von:
- der Wasserhöhe auf der Fahrbahn,
- der Fahrzeuggeschwindigkeit,
- der Profilform, der Reifenbreite und der Abnützung des Reifens sowie
- der Last, mit der der Reifen auf die Fahrbahn gedrückt wird.

Breitreifen sind besonders gefährdet. Im Zustand des Aquaplaning lässt sich das Fahrzeug nicht mehr lenken und nicht mehr abbremsen. Weder Lenkbewegungen noch Bremskräfte können auf die Fahrbahn übertragen werden.

Gleitreibung

Bei Reibungsvorgängen unterscheidet man zwischen Haft- und Gleitreibung. Dabei ist bei starren Körpern die Haftreibung größer als die Gleitreibung. In Anlehnung dazu gibt es für einen abrollenden Gummireifen Zustände, bei denen die Haftreibungszahl höher ist als beim Blockiervorgang. Gleitvorgänge treten aber auch während des Abrollens von Gummireifen auf. Sie werden als „Schlupf" bezeichnet.

Einfluss des Bremsschlupfs auf die Haftreibungszahl

Beim Anfahren oder Beschleunigen hängt – wie auch beim Bremsen oder Verzögern – die Kraftübertragung vom Schlupf zwischen Reifen und Fahrbahn ab. Die Reibung eines Reifens verhält sich zu seinem Schlupf beim Bremsen und Antreiben prinzipiell gleich.

Bild 6 zeigt den Verlauf der Haftreibungszahl μ_{HF} beim Bremsen. Ausgehend vom Bremsschlupf null steigt sie steil an, erreicht ihr Maximum je nach Fahrbahn- und Reifenbeschaffenheit etwa zwischen 10 % und 40 % Bremsschlupf und fällt dann wieder ab. Der ansteigende Teil der Kurve ist der

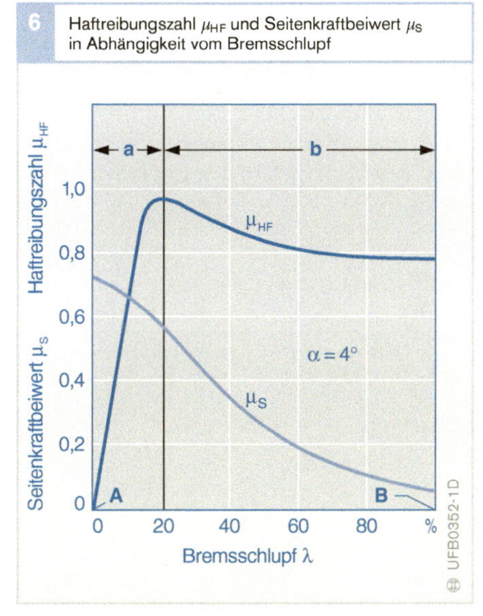

Bild 6
a   Stabiler Bereich
b   instabiler Bereich
α Schräglaufwinkel
A   frei rollendes Rad
B   Rad blockiert

1   Haftreibungszahlen μ_{HF} von Reifen auf unterschiedlichen Straßenzustand, bei unterschiedlichem Reifenzustand und verschiedenen Geschwindigkeiten

Fahrgeschwindigkeit	Reifenzustand	Straße trocken	Straße nass (Wasserhöhe 0,2 mm)	Starker Regen (Wasserhöhe 1 mm)	Wasserpfützen (Wasserhöhe 2 mm)	Vereist (Glatteis)
km/h		μ_{HF}	μ_{HF}	μ_{HF}	μ_{HF}	μ_{HF}
50	neu	0,85	0,65	0,55	0,5	0,1
	abgenützt	1	0,5	0,4	0,25	und kleiner
90	neu	0,8	0,6	0,3	0,05	
	abgenützt	0,95	0,2	0,1	0,0	
130	neu	0,75	0,55	0,2	0	
	abgenützt	0,9	0,2	0,1	0	

Tabelle 1

„stabile Bereich" (Gebiet der Teilbremsungen), der abfallende Teil wird als „instabiler Bereich" bezeichnet.

Die meisten Brems- und Beschleunigungsvorgänge laufen bei kleinen Schlupfwerten im stabilen Bereich ab, sodass eine Erhöhung des Schlupfs auch eine Erhöhung des ausnutzbaren Kraftschlusses ergibt. Im instabilen Bereich führt eine weitere Erhöhung des Schlupfs im Allgemeinen zu einer Verkleinerung des Kraftschlusses. Beim Bremsen blockiert ein Rad in wenigen Zehntelsekunden, beim Beschleunigen führt das größer werdende überschüssige Antriebsmoment zu einer schnellen Drehzahlerhöhung eines oder aller Antriebsräder; die angetriebenen Räder drehen durch.

Bei Geradeausfahrt verhindern ABS und ASR, dass ein Kraftfahrzeug beim Bremsen und Beschleunigen in den instabilen Bereich gerät.

Quer- und Seitenkraft

Wirkt eine Seitenkraft auf ein frei rollendes Rad, dann bewegt sich der Radmittelpunkt seitwärts. Das Verhältnis zwischen der seitwärts gerichteten Geschwindigkeit und der Geschwindigkeit in Längsrichtung wird „Querschlupf" oder auch „Schräglauf" genannt. Der Winkel zwischen der resultierenden Geschwindigkeit v_α und der Geschwindigkeit in Längsrichtung v_x wird als „Schräglaufwinkel α" bezeichnet (Bild 7). Der Schwimmwinkel γ ist der Winkel zwischen der Fahrtrichtung, d. h. der Bewegungsrichtung des Fahrzeugs und der Fahrzeuglängsachse. Der Schwimmwinkel bei hoher Querbeschleunigung gilt als Maß für die Beherrschbarkeit von Fahrzeugen.

Im stationären Fall (also ohne Radbeschleunigung) ist eine über die Achse am Rad wirkende Seitenkraft F_S mit der über die Fahrbahnoberfläche am Rad wirkenden Seitenkraft im Gleichgewicht. Das Verhältnis zwischen der über die Achse wirkenden Seitenkraft und der Radaufstandskraft F_N wird „Seitenkraftbeiwert μ_S" genannt.

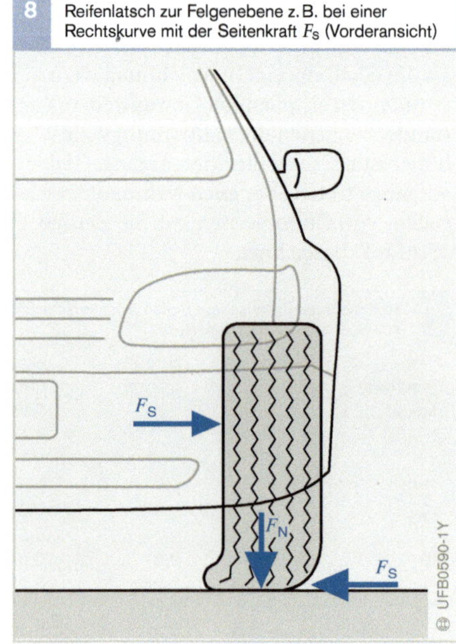

| 7 | Darstellung des Schräglaufwinkels α und die Einwirkung der Seitenkraft F_S (Draufsicht) |

| 8 | Reifenlatsch zur Felgenebene z. B. bei einer Rechtskurve mit der Seitenkraft F_S (Vorderansicht) |

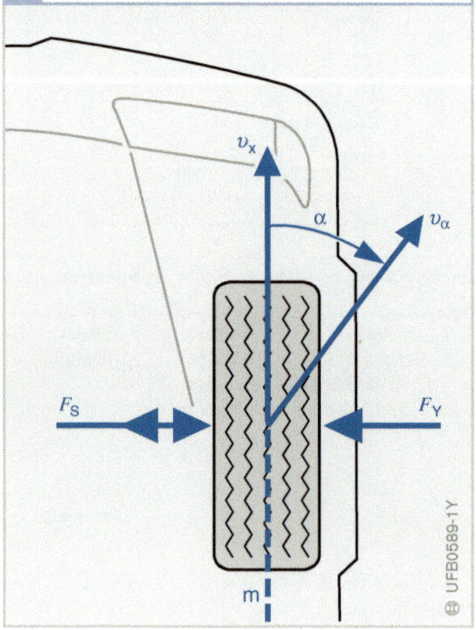

Bild 7

v_α Geschwindigkeit in Schräglaufrichtung
v_x Geschwindigkeit in Längsrichtung
F_S, F_y Seitenkraft
α Schräglaufwinkel

Bild 8

F_N Reifenaufstandskraft (Normalkraft)
F_S Seitenkraft

Zwischen dem Schräglaufwinkel α und dem Seitenkraftbeiwert μ_S besteht ein nichtlinearer Zusammenhang, der mit einer Schräglaufkurve beschrieben wird. Im Gegensatz zur Haftreibungszahl μ_{HF} beim Antreiben und Bremsen ist der Seitenkraftbeiwert μ_S stark von der Radaufstandskraft F_N abhängig. Diese Eigenschaft ist für Fahrzeughersteller bei der Fahrwerkauslegung von besonderem Interesse, um das Fahrverhalten mit Stabilisatoren positiv zu beeinflussen.

Bei großen Seitenkräften F_S verschiebt sich der Reifenlatsch (Aufstandsfläche) sehr stark zur Felgenebene (Bild 8). Der Aufbau der Seitenkraft wird dadurch verzögert. Dieser Umstand beeinflusst das Übergangsverhalten (Wechsel vom ursprünglichen Fahrzustand zu einem anderen) von Fahrzeugen bei Lenkbewegungen sehr.

Einfluss des Bremsschlupfs auf die Seitenkräfte

Bei Kurvenfahrten muss der am Schwerpunkt angreifenden, nach außen gerichteten Fliehkraft durch Seitenkräfte an allen Rädern das Gleichgewicht gehalten werden, damit das Fahrzeug der gekrümmten Bahnkurve folgen kann.

Seitenkräfte können aber nur erzeugt werden, wenn sich die Reifen seitlich elastisch verformen, sodass die Bewegungsrichtung des Radschwerpunkts mit der Geschwindigkeit v_α um den Schräglaufwinkel α von der Radmittelebene „m" abweicht (Bild 7).

Bild 6 zeigt den Seitenkraftbeiwert μ_S als Funktion des Bremsschlupfs bei 4° Schräglaufwinkel. Beim Bremsschlupf null weist der Seitenkraftbeiwert den Höchstwert auf. Mit zunehmendem Bremsschlupf sinkt dieser Wert zunächst langsam und dann zunehmend schneller ab und erreicht bei blockiertem Rad den tiefsten Punkt. Dieser Mindestwert ergibt sich aufgrund der Schräglaufwinkelstellung des blockierten Rads, das dann keinerlei Seitenführungskräfte mehr hat.

Reibung – Reifenschlupf – Reifenaufstandskraft

Die Reibung eines Reifens hängt hauptsächlich vom Längsschlupf ab. Die Reifenaufstandskraft spielt dabei eine untergeordnete Rolle, wobei bei konstantem Reifenschlupf in erster Näherung ein linearer Zusammenhang zwischen der Brems- und der Aufstandskraft besteht.

Die Reibung hängt aber auch vom Reifenschräglaufwinkel (Querschlupf) ab. So nimmt die Brems- und Antriebskraft bei gleichem Reifenschlupf und bei Vergrößerung des Schräglaufwinkels ab. Bei gleichbleibender Brems- und Antriebskraft und bei Vergrößerung des Schräglaufwinkels nimmt dagegen der Reifenschlupf zu.

Fahrzeuglängsdynamik

Wirken auf die Felge eines Rads sowohl eine Seitenkraft als auch ein Bremsmoment, so übt die Fahrbahn als Reaktion darauf sowohl eine Seitenkraft als auch eine Bremskraft auf den Reifen aus. Bis zu einer physikalischen Grenze werden dementsprechend alle angreifenden Kräfte am sich drehenden Rad von der Fahrbahn aufgenommen und durch betragsgleiche, aber entgegengesetzt wirkende Kräfte ausgeglichen.

Jenseits dieser physikalischen Grenze ist das Kräftegleichgewicht nicht mehr gegeben und das Fahrzeug wird instabil.

Gesamtfahrwiderstand

Der Gesamtfahrwiderstand F_G ist die Summe aus Roll-, Luft- und Steigungswiderstand (Bild 1). Um diesen Gesamtfahrwiderstand zu überwinden, ist eine entsprechende Antriebskraft an den Antriebsrädern aufzuwenden. Die an diesen Rädern zur Verfügung stehende Antriebskraft ist um so größer, je größer das Motordrehmoment, je größer die Gesamtübersetzung zwischen Motor und Antriebsrädern und je geringer die Übertragungsverluste sind (Wirkungsgrad η bei Motorlängseinbau ca. 0,88...0,92, bei Motorquereinbau ca. 0,91...0,95).

Die Antriebskraft wird zum Teil zur Überwindung des Gesamtfahrwiderstands benötigt. Sie wird durch größere Übersetzungen den mit der Steigung stark zunehmenden Fahrwiderständen stufenweise angepasst (Wechselgetriebe). Die „Überschusskraft" zwischen Antriebskraft und Fahrwiderstand beschleunigt das Fahrzeug. Überwiegt der Gesamtfahrwiderstand, so verzögert das Fahrzeug.

Rollwiderstand bei Geradeausfahrt

Der Rollwiderstand entsteht durch Formänderungsarbeit an Rad und Fahrbahn. Er ist ein Produkt aus Gewichtskraft und Rollwiderstandsbeiwert, wobei der Rollwiderstandsbeiwert umso größer ist, je kleiner der Reifenradius und je größer die Formänderung des Reifens ist, z. B. bei zu geringem Reifenluftdruck. Er steigt aber auch mit zunehmender Belastung und zunehmender Geschwindigkeit. Außerdem variiert er je nach Straßenbelag und beträgt z. B. auf Asphalt nur ca. 25 % des Rollwiderstandsbeiwerts auf Erdwegen.

Bild 1

F_L Luftwiderstand
F_{Ro} Rollwiderstand
F_{St} Steigungswiderstand
F_G Gesamtfahrwiderstand
G Gewichtskraft
α Steigungs-/Gefällwinkel
S Schwerpunkt

Tabelle 1
Tabelle 2

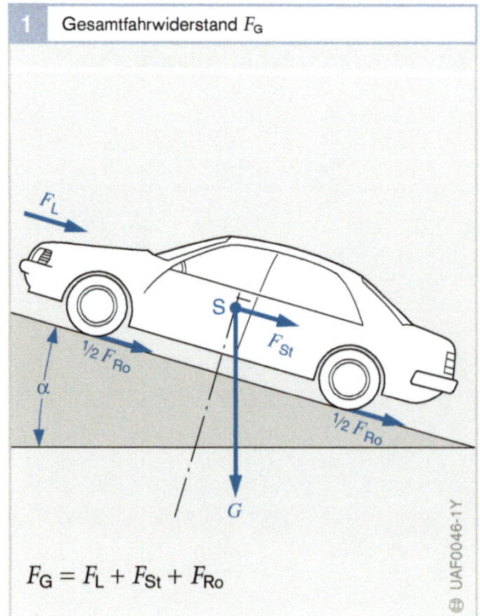

$$F_G = F_L + F_{St} + F_{Ro}$$

1 Beispiele für den Luftwiderstandsbeiwert c_W bei Pkw	
Fahrzeugbauform	c_W
offenes Kabriolett	0,5...0,7
Kastenaufbau	0,5...0,6
Pontonform [1])	0,4...0,55
Keilform	0,3...0,4
verkleidete Form	0,2...0,25
Tropfenform	0,15...0,2

[1]) Stufenheck

2 Beispiele für den Luftwiderstandsbeiwert c_W bei Nkw	
Fahrzeugbauform	c_W
Standard-Zugfahrzeuge	
– „unverkleidet"	≥ 0,64
– „teilverkleidet"	0,54...0,63
– „vollverkleidet"	≤ 0,53

Rollwiderstand bei Kurvenfahrt

Bei Fahrt in der Kurve vergrößert sich der Rollwiderstand um den Kurvenwiderstand, dessen Widerstandbeiwert von Fahrgeschwindigkeit, Kurvenradius, Bewegungseigenschaften der Achse, Bereifung, Reifenluftdruck und Schräglaufverhalten abhängt.

Luftwiderstand

Der Luftwiderstand F_L wird aus der Luftdichte ϱ, dem Luftwiderstandsbeiwert c_W (abhängig von Fahrzeugbauform, Tabellen 1 und 2), der in Bewegungsrichtung projizierten Querschnittsfläche A und der Fahrgeschwindigkeit v (einschließlich der Gegenwindgeschwindigkeit) ermittelt.

$$F_L = c_W \cdot A \cdot v^2 \cdot \varrho/2$$

Steigungswiderstand

Der Steigungswiderstand F_{St} (mit positivem Vorzeichen) oder der Hangabtrieb (mit negativem Vorzeichen) ergeben sich aus Gewichtskraft G des Fahrzeugs und Steigungs- bzw. Gefällwinkel α.

$$F_{St} = G \cdot \sin \alpha$$

Beschleunigung und Verzögerung

Eine gleichmäßig beschleunigte oder verzögerte Bewegung in Längsrichtung liegt vor, wenn die Beschleunigung (oder Verzögerung) konstant ist. Der während der Verzögerung zurückgelegte Weg ist im Gegensatz zu dem während der Beschleunigung zurückgelegten Weg von größerer Bedeutung, denn die Länge des Bremswegs wirkt sich unmittelbar auf die Verkehrssicherheit aus.

Die Länge des Bremswegs hängt von mehreren Einflussgrößen ab:
- Fahrgeschwindigkeit: Bei gleicher Verzögerung steigt der Bremsweg quadratisch mit der Geschwindigkeit.
- Fahrzeugbeladung: zusätzliches Gewicht führt zu einem längeren Bremsweg.
- Fahrbahnbeschaffenheit: Eine nasse Fahrbahn ergibt eine geringere Haftreibung zwischen Fahrbahn und Reifen und damit einen längeren Bremsweg.
- Reifenzustand: Zu geringe Profiltiefe führt insbesondere bei nasser Fahrbahn zu längeren Bremswegen.
- Zustand der Bremse: Verölte Bremsbeläge z. B. senken die Reibungskraft zwischen Belag und Bremsscheibe bzw. Bremstrommel. Die geringeren übertragbaren Bremskräfte führen zu einem längeren Bremsweg.
- Bremsfading: Durch Überhitzen der Bremsenkomponenten lässt die Bremswirkung ebenfalls nach.

Höchstwerte der Beschleunigung oder Verzögerung sind erreicht, wenn die Antriebs- oder Bremskräfte an den Fahrzeugrädern so hoch sind, dass die Räder auf der Fahrbahn gerade noch haften (maximaler Kraftschluss).

Die tatsächlich erreichbaren Werte liegen niedriger, weil nicht bei jeder Beschleunigung (Verzögerung) alle Räder gleichzeitig den maximal möglichen Kraftschluss nutzen. Elektronisch geregelte Antriebs-, Brems- und Fahrstabilitäts-Regelungssysteme (ASR, ABS und ESP) regeln im Bereich der maximal übertragbaren Kräfte.

Fahrzeugquerdynamik

Fahrverhalten bei Seitenwind

Starker Seitenwind bewirkt, dass ein Kraftfahrzeug – insbesondere bei höherer Fahrgeschwindigkeit und ungünstigen Fahrzeugabmessungen – aus seiner Bahn abgelenkt wird (Bild 1). Bei plötzlichem Seitenwind, z. B. beim Herausfahren aus einem Einschnitt in der Landschaft, sind bereits innerhalb der Reaktionsdauer bei ungünstig gebauten Fahrzeugen beträchtliche seitliche Versetzungen und Gierwinkeländerungen sowie Fehlreaktionen des Fahrers möglich.

Beim Schräganblasen eines Fahrzeugs mit der Windkraft F_W entsteht neben dem Luftwiderstand F_L in Längsrichtung auch eine Komponente der Luftkraft in Querrichtung. Man kann sich diese über die ganze Karosserie verteilte Kraft auf eine Einzelkraft, die Seitenwindkraft F_{SW} reduziert denken. Diese Seitenwindkraft greift im „Druckpunkt D" an. Die Lage des Druckpunkts hängt von der Form der Karosserie und vom Anströmwinkel α ab.

Der Druckpunkt liegt im Allgemeinen in der vorderen Wagenhälfte. Bei Fahrzeugen mit Pontonform (Stufenheck) ist er weitgehend stabil und liegt näher an der Wagenmitte als bei Karosserien mit Stromlinienform (abfallendes Heck), bei denen der Druckpunkt abhängig vom Anströmwinkel wandern kann.

Die Lage des Schwerpunkts S hängt dagegen vom Beladungszustand ab. Um zu einer allgemeinen Darstellung des Seitenwindeinflusses (auch unabhängig von der relativen Lage des Fahrwerks zur Karosserie) zu gelangen, wird deshalb ein Bezugspunkt 0 in Wagenmitte am vorderen Ende der Karosserie gewählt.

Bei Angabe der Seitenwindkraft für einen vom Druckpunkt verschiedenen Bezugspunkt kommt noch das Moment der Seitenwindkraft um den jeweiligen Druckpunkt – das Giermoment M_Z – hinzu. Die Seitenwindkraft wird über Seitenführungskräfte an den Rädern abgestützt. Die Seitenführungskraft eines Luftreifens hängt neben dem Schräglaufwinkel und der Radlast von der Reifenbauart und -größe, vom Innendruck und von den Reibungseigenschaften der Fahrbahn ab.

Ein Fahrzeug verfügt über eine gute Fahrtrichtungsstabilität bei Seitenwind, wenn der Druckpunkt nahe beim Fahrzeugschwerpunkt liegt. Eine minimale Bahnkrümmung ergibt sich beim übersteuernden Fahrzeug, wenn der Druckpunkt vor dem Schwerpunkt liegt. Beim untersteuernden Fahrzeug ist die günstigste Lage des Druckpunkts kurz hinter dem Schwerpunkt.

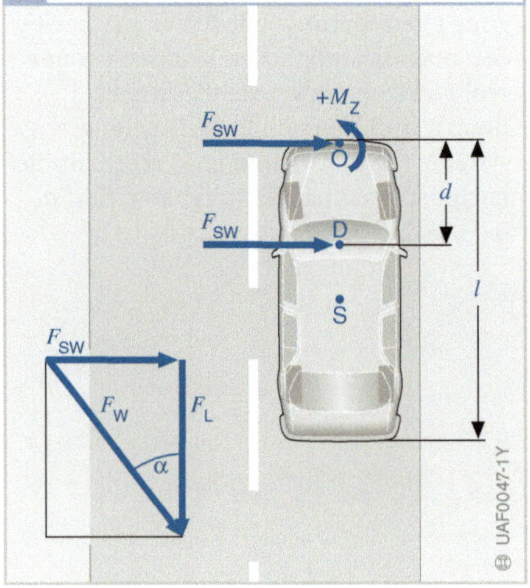

Bild 1

D   Druckpunkt
O   Bezugspunkt
S   Schwerpunkt
F_W Windkraft
F_L Luftwiderstand
F_{SW} Seitenwindkraft
M_Z Giermoment
α Anströmwinkel
l Fahrzeuglänge
d Abstand des Druckpunkts D vom Bezugspunkt O

F_S und M_Z in O angreifend entspricht F_S in D angreifend (in der Aerodynamik ist es üblich, anstelle von Kräften und Momenten dimensionslose Beiwerte anzugeben)

Unter- und Übersteuern

Seitenführungskräfte können zwischen Fahrbahn und gummibereiftem Rad nur dann entstehen, wenn das Rad schräg zu seiner Ebene abrollt. Deshalb muss ein Schräglaufwinkel vorhanden sein. Als untersteuernd wird ein Fahrzeug bezeichnet, bei dem mit zunehmender Querbeschleunigung der Schräglaufwinkel an der Vorderachse stärker anwächst als der Schräglaufwinkel an der Hinterachse. Das umgekehrte Verhalten wird als übersteuernd bezeichnet (Bild 2).

Fahrzeuge sind aus Sicherheitsgründen leicht untersteuernd bis neutral ausgelegt. Durch Antriebsschlupf kann aber ein Fronttriebler zum stärkeren Untersteuern bzw. ein Hecktriebler zum Übersteuern wechseln.

Fliehkraft in der Kurve

Die Fliehkraft F_{cf} setzt im Schwerpunkt S an (Bild 3). Ihre Wirkung hängt von vielen Einflussfaktoren ab wie z. B.
- dem Kurvenradius,
- der Fahrzeuggeschwindigkeit,
- der Höhe des Fahrzeugschwerpunkts,
- der Fahrzeugmasse,
- der Spurbreite des Fahrzeugs,
- der Reibpaarung Reifen/Fahrbahn (Witterung, Straßenbelag, Reifenzustand) und
- der Lastverteilung im Fahrzeug.

Gefahr in einer Kurve entsteht dann, wenn die Fliehkraft die Seitenkräfte an den Rädern zu übersteigen droht und das Fahrzeug nicht in der Sollspur gehalten werden kann. Positiv beeinflusst werden kann ein solches Kräfteverhältnis durch eine Kurvenüberhöhung.

Rutscht das Fahrzeug an der Vorderachse, so untersteuert es, rutscht es an der Hinterachse, dann übersteuert es. In beiden Fällen erkennt ESP (Elektronisches Stabilitäts-Programm) eine unerwünschte Drehbewegung um die Hochachse. ESP kann das Fahrzeug durch geeignetes aktives Bremsen einzelner Räder wieder stabilisieren.

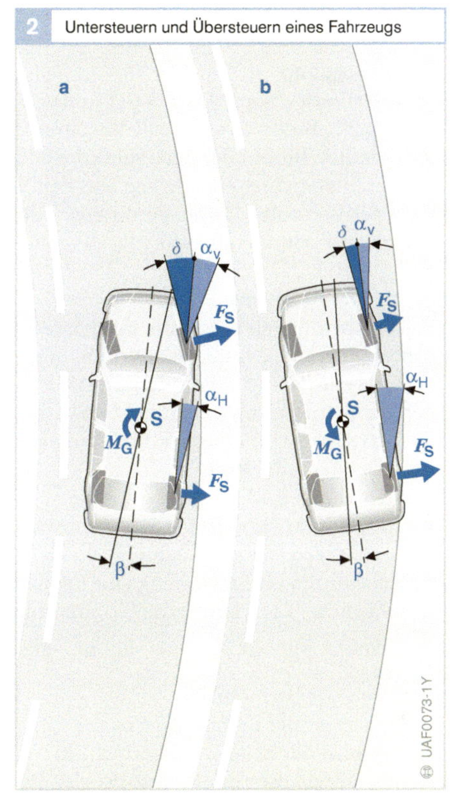

Bild 2
a   Untersteuern
b   Übersteuern
α_v Schräglaufwinkel vorn
α_h Schräglaufwinkel hinten
δ Lenkwinkel
β Schwimmwinkel
F_S Seitenkraft
M_G Giermoment

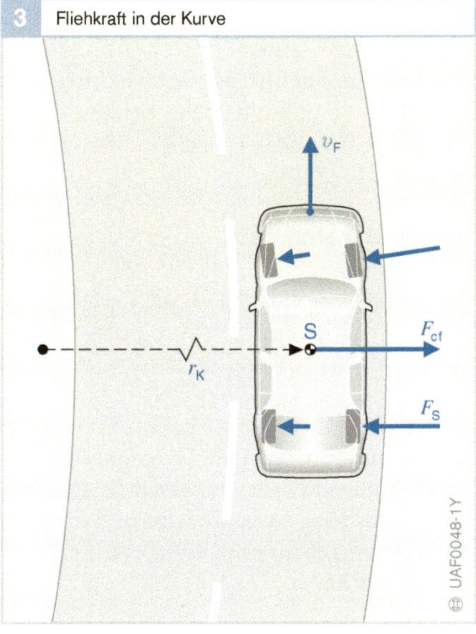

Bild 3
F_{cf} Fliehkraft
v_F Fahrzeuggeschwindigkeit
F_S Seitenkraft an den einzelnen Rädern
r_K Kurvenradius
S   Schwerpunkt

Definitionen

Bremsvorgang
Nach Definition von DIN ISO 611 umfasst
der Begriff „Bremsvorgang" alle Vorgänge,
die zwischen Beginn der Betätigung der
(Brems-)Betätigungseinrichtung und dem
Ende der Bremsung (Lösen der Bremse oder
Fahrzeugstillstand) auftreten.

Abstufbare Bremsung
Bei der abstufbaren Bremsung kann der
Fahrer innerhalb des üblichen Betätigungs-
bereichs der Betätigungseinrichtung zu jeder
Zeit die Bremskraft durch Einwirkung auf
die Betätigungseinrichtung hinreichend fein
steigern oder reduzieren.

Wenn durch die Einwirkung auf die
Betätigungseinrichtung eine Steigerung der
Bremskraft erreicht wird, dann muss eine
Umkehrung dieser Einwirkung eine Redu-
zierung dieser Kraft hervorrufen (monotone
Wirkung).

Hysterese der Bremsanlage
Die Hysterese der Bremsanlage ist der
Unterschied der Betätigungskräfte beim
Spannen und Lösen der Bremse bei glei-
chem Bremsmoment.

Hysterese der Bremse
Die Hysterese der Bremse ist der Unterschied der Spannkräfte beim Betätigen und
Lösen der Bremse bei gleichem Bremsmoment.

Kräfte und Momente
Betätigungskraft
Die Betätigungskraft F_C ist die Kraft, die
auf die Betätigungseinrichtung ausgeübt
wird.

Spannkraft
Die Spannkraft F_S ist die Gesamtkraft, die
bei Reibungsbremsen auf einen Belagträger
mit Bremsbelag ausgeübt wird und die infolge sich ergebender Reibung die Bremskraft bewirkt.

Gesamte Bremskraft
Die gesamte Bremskraft F_f ist die Summe
der in den Aufstandsflächen aller Räder wirkenden Bremskräfte, die durch die Wirkung
der Bremsanlage entstehen und der Bewegung oder der Bewegungstendenz des
Fahrzeugs entgegengerichtet sind.

Bremsmoment
Das Bremsmoment ist das Produkt aus den
durch die Spannkräfte in der Bremse her-
vorgerufenen Reibkräften und dem Abstand
der Angriffspunkte dieser Kräfte von der
Drehachse des Rades.

Bremskraftverteilung
Die Bremskraftverteilung ist die Angabe der
Bremskraft jeder Achse in Prozent bezogen
auf die gesamte Bremskraft F_f, z. B.: Vorderachse 60 %, Hinterachse 40 %.

Äußerer Bremsenkennwert C
Der äußere Bremsenkennwert C ist das Verhältnis von Ausgangsmoment zu Eingangs-
moment oder Ausgangskraft zu Eingangs-
kraft an einer Bremse.

Innerer Bremsenkennwert C*
Der innere Bremsenkennwert C* ist das
Verhältnis der am wirksamen Radius einer
Bremse angreifenden gesamten Tangential-
kraft zur Spannkraft F_S.

Typische Werte: für Trommelbremsen
können Werte bis zu C* = 10 erreicht werden, bei Scheibenbremsen ist C* $\approx$ 1.

Zeiten
Der Bremsvorgang ist durch verschiedene
Zeiten gekennzeichnet, sie sind unter Bezug
auf die in Bild 1 dargestellten idealisierten
Kurven definiert.

Bewegungsdauer der Betätigungs-
einrichtung
Die Bewegungsdauer der Betätigungseinrichtung ist die Zeit vom Beginn der Kraftwirkung auf die Betätigungseinrichtung (t_0)
bis zur jeweiligen Endstellung (t_3) entsprechend der Betätigungskraft oder des Betäti-

gungsweges. Dies gilt sinngemäß auch für das Lösen der Bremsen.

Ansprechdauer
Die Ansprechdauer t_a ist die Zeit, die vom Beginn der Kraftwirkung auf die Betätigungseinrichtung bis zum Einsetzen der Bremskraft (Aufbau des Bremsdrucks in der Bremsleitung) vergeht ($t_1 - t_0$).

Schwelldauer
Die Schwelldauer t_s ist die Zeit, die vom Einsetzen der Bremskraft bis zum Erreichen des maximalen Leitungsdrucks vergeht ($t_5 - t_1$).

Bremsdauer
Die Bremsdauer t_b ist die Zeit, die vom Beginn der Kraftwirkung auf die Betätigungseinrichtung bis zum Verschwinden der Bremskraft vergeht ($t_7 - t_0$). Wenn das Fahrzeug zum Stillstand kommt, dann stellt der Beginn des Stillstehens das Ende der Bremsdauer dar.

Bremswirkungsdauer
Die Bremswirkungdauer t_w ist die Zeit, die vom Einsetzen der Bremsverzögerung bis zum Verschwinden der Bremskraft vergeht ($t_7 - t_2$). Wenn das Fahrzeug zum Stillstand kommt, dann stellt der Beginn des Stillstehens das Ende der Bremswirkungsdauer dar.

Wege

Bremsweg
Der Bremsweg s_1 ist der Weg, den ein Fahrzeug während der Bremswirkungsdauer ($t_7 - t_2$) zurücklegt.

Anhalteweg
Der Anhalteweg s_0 ist der vom Fahrzeug während der Bremsdauer ($t_7 - t_0$) zurückgelegte Weg. Das ist der zurückgelegte Weg vom Zeitpunkt, an dem der Fahrer beginnt, die Betätigungseinrichtung in Funktion zu setzen, bis zu dem Zeitpunkt, an dem das Fahrzeug zum Stillstand kommt.

Bremsverzögerung

Augenblickliche Verzögerung
Die augenblickliche Verzögerung a ergibt sich durch den Quotienten aus Geschwindigkeitsverringerung pro Zeiteinheit.
$$a = dv/dt$$

Mittlere Verzögerung über dem Anhalteweg
Mit der Fahrzeuggeschwindigkeit v_0 zum Zeitpunkt t_0 ergibt sich die mittlere Verzögerung a_{ms} über den Anhalteweg s_0 zu
$$a_{ms} = v_0^2/2s_0$$

Mittlere Vollverzögerung
Der Wert für die mittlere Vollverzögerung a_{mft} entspricht dem Mittelwert der Verzögerung im Zeitraum der voll entwickelten Verzögerung ($t_7 - t_6$).

Abbremsung
Die Abbremsung Z ist das Verhältnis zwischen gesamter Bremskraft F_f und der auf der Achse oder den Achsen des Fahrzeugs ruhenden statischen Gesamtgewichtskraft G_S (Fahrzeuggewicht). Das entspricht dem Verhältnis von Bremsverzögerung a zu Erdbeschleunigung g ($g = 9{,}81$ m/s^2).

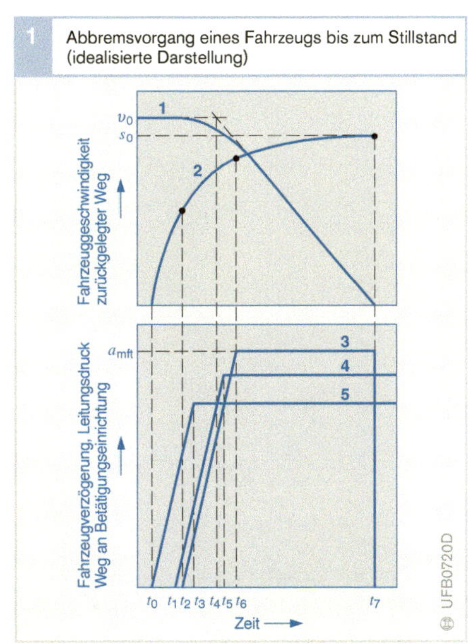

Fahrerassistenzsysteme

Die Mobilität der Gesellschaft wächst weltweit, Verkehrsdichte und Transportleistung nehmen stetig zu – nicht allein in den Industrieländern, sondern in noch stärkerem Maße in den Schwellenländern (NIC, Newly Industrialized Countries). Gesellschaft, Politik und Verbraucher fordern eine Verringerung von Unfallhäufigkeit und Unfallschwere. Die EU-Kommission hat mit dem *Road Safety Action Plan* der *e-Safety-Initiative* das anspruchsvolle Ziel einer Halbierung der Anzahl von Verkehrstoten bis zum Jahr 2010 gegenüber dem Stand von 2001 definiert. Auch in den USA und in Japan wurden zwischenzeitlich entsprechende staatliche Programme gestartet. Die angestrebten Ziele setzen voraus, dass die Automobile den Fahrzeugpassagieren noch mehr aktive und passive Sicherheit bieten. Der Fahrer muss aber auch mehr unterstützt, besser informiert und letztlich entlastet werden. Zur Erreichung dieser Ziele werden Fahrerassistenzsysteme einen wichtigen Beitrag leisten.

Motivation für den Einsatz von Fahrerassistenzsystemen

Fahrerassistenzsysteme zwischen Fahrer, Fahrzeug und Umfeld

Fahrer, Fahrzeug mit Fahrerassistenzsystem (FAS) und das Umfeld des Fahrzeugs wirken in Raum und Zeit eng zusammen. Bei der Entwicklung von Fahrerassistenzsystemen müssen deshalb die Erwartungen und Fähigkeiten der Nutzer, aber auch ihre Defizite berücksichtigt werden. Nur dann sind eine Verbesserung des Komforts, der Verkehrssicherheit, und letztendlich die Bereitschaft zum Kauf zu erwarten.

Fahrerassistenzsysteme unterstützen den Fahrer bei seiner primären Fahraufgabe. Sie informieren und warnen ihn, erhöhen seinen Komfort und die Sicherheit, indem sie ihn aktiv bei seiner Fahrzeugführung und Fahrzeugstabilisierung unterstützen. Falls nötig, verringern sie seine Arbeitsbelastung.

Es erscheint sinnvoll, den Fahrer bei den Aufgaben zu unterstützen, für die der Mensch aufgrund seiner Fähigkeiten weniger geeignet ist. Dazu gehören Entfer-

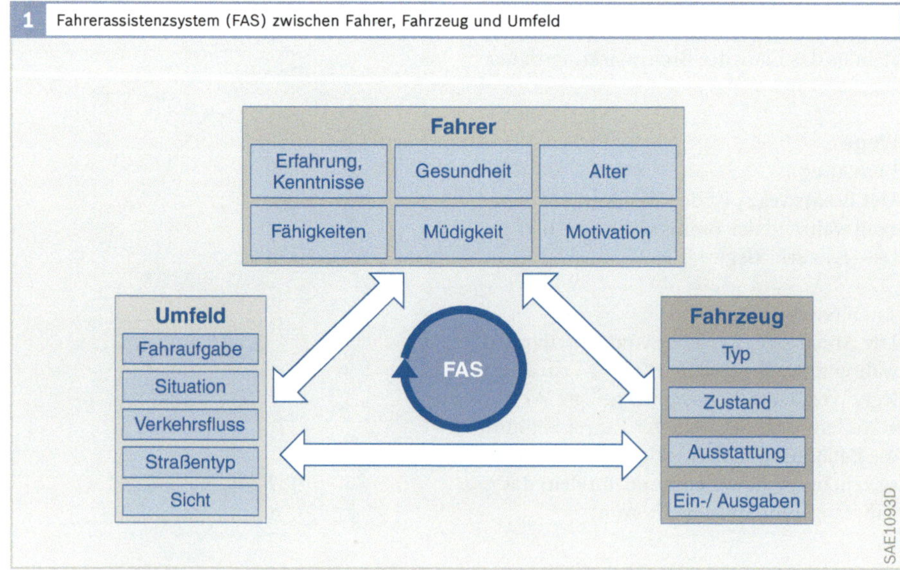

1 Fahrerassistenzsystem (FAS) zwischen Fahrer, Fahrzeug und Umfeld

nungs- und Geschwindigkeitsschätzen insbesondere bei schlechter Sicht, lang andauerndes, monotones Regeln von Geschwindigkeit, Abstand und Spurlage, aber auch plötzliches, schnelles und sicheres Handeln in schwierigen Situationen.

Wie in Bild 1 dargestellt, unterscheiden sich Fahrer hinsichtlich zahlreicher, zeitlich stabiler Eigenschaften wie z. B. Alter, Gesundheit, mentaler und sensorischer Fähigkeiten und ihrer Erfahrung. Der einzelne Fahrer wiederum ist wach oder müde, gelangweilt oder hoch motiviert. Auch die Fahrzeuge unterscheiden sich hinsichtlich ihrer Ausstattung, ihres Zustands und der Ein- und Ausgabeeinheiten zur Interaktion mit den Assistenzsystemen. Beim Fahrtumfeld gibt es eine große Vielfalt an Fahraufgaben und Verkehrssituationen. Die Fahrten geschehen auf sehr unterschiedliche Straßentypen, unter guten oder schwierigen Sichtbedingungen. Bei der Entwicklung von Fahrerassistenzsystemen muss diese Vielfalt berücksichtigt werden.

Unterstützungs- und Informationsbedarf

Der Fahrer erwartet von Fahrerassistenzsystemen, dass sie ihm Unterstützung bieten und keine zusätzliche Belastung oder Ablenkung hervorrufen. Dies wird erfüllt von Systemen, die ohne zusätzliche Bedienung im Hintergrund ihre Arbeit effektiv verrichten. Es darf nicht sein, dass sie ständig einer Einstellung durch den Fahrer bedürfen, sie müssen dauernd ihre Aufgabe erfüllen und ihr Handeln muss für den Fahrer transparent bleiben. In Situationen, die der Fahrer selbst erfasst oder die er selbst beherrscht, dürfen sie ihn nicht durch permanente Warnungen oder bevormundende Eingriffe stören.

Ansätze dazu sind lernende Fahrerverhaltensmodelle, die Vorhersagen über die Absicht eines Fahrers in einer konkreten Fahrsituation machen und ihn bei Abweichungen seiner Handlung von seinem individuellen „normalen" Fahrverhalten warnen (Bild 2).

Passive und aktive Fahrsicherheit

Der zunehmend hohe Standard an passiver Sicherheit in den Fahrzeugen hat in der Vergangenheit trotz etwa gleich bleiben-

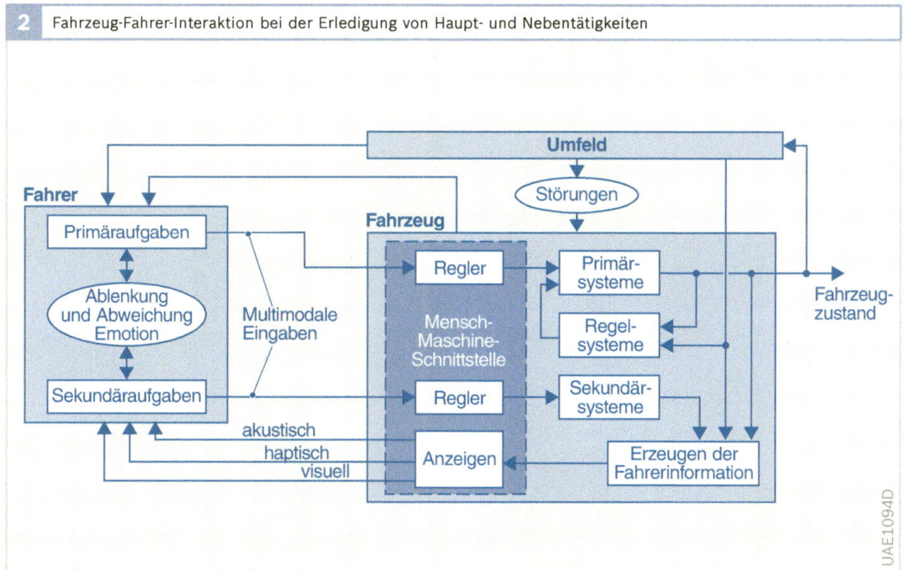

2 Fahrzeug-Fahrer-Interaktion bei der Erledigung von Haupt- und Nebentätigkeiten

der Anzahl an Unfällen zu einem kontinuierlichen Absinken der Anzahl der Verkehrstoten geführt. Airbag und Gurtstraffer tragen wesentlich zur Erhöhung der passiven Sicherheit bei. Während diese Systeme Unfallfolgen mindern können, helfen aktive Sicherheitssysteme – wie das Antiblockiersystem (ABS), das Elektronische Stabilitätsprogramm (ESP) und der hydraulische Bremsassistent (HBA) – dem Fahrer in kritischen Situationen, einen Unfall zu vermeiden.

Unfallursachen und daraus abgeleitete Fahrerassistenzsysteme

Allein mit den genannten Systemen wird das Ziel der EU nicht erreicht werden können. Entscheidend bei der Entwicklung zukünftiger aktiver und passiver Fahrerassistenzsysteme wird die Fähigkeit des Fahrzeugs sein, seine Umgebung wahrzunehmen und zu interpretieren, gefährliche Situationen vorausschauend zu erkennen (Prädiktion) und den Fahrer bei seinen Fahrmanövern bestmöglich zu unterstützen.

Um Schwerpunkte bei der Entwicklung solcher Systeme mit dem höchsten Unfallvermeidungspotenzial setzen zu können, liegt es nahe, sich an der Häufigkeit der verschiedenen Unfallarten oder Unfallursachen in der Unfallstatistik zu orientieren (Bild 3). Rund ein Viertel aller Unfälle ist durch Spurwechsel und unbeabsichtigtes Verlassen der Fahrspur verursacht. Etwa 30 % der Unfälle ist durch Auffahren, durch Frontalzusammenstöße und Kollisionen mit Hindernissen auf der Fahrbahn verursacht. Kollisionen mit Fußgängern machen 7 % der Unfälle aus, der Anteil an Kollisionen an Kreuzungen beträgt etwa 31 %.

Die Wirkung aktiver und passiver Sicherheitssysteme ist umso effizienter, je besser es gelingt, zuverlässige Informationen über die Umgebung des Fahrzeugs einzubeziehen. Denn je früher die Systeme einen möglichen Unfall erkennen, desto wirkungsvoller können sie ihre Aufgabe erfüllen. Durch frühzeitige Warnung des Fahrers kann eine Vorverlegung der Fahrerreaktion herbeigeführt werden. Durch Vorverlegung um 0,5 s können z. B. Auffahrunfälle um ca. 65 % reduziert werden (Bild 4). Bei den meisten Fahrerassistenzsystemen mit aktivem Eingriff in die Fahrzeugdynamik (aktive Fahrerassistenzsysteme) erfolgt eine schnellere Fahrzeugreaktion als dies mit der normalen Reaktion des Fahrers auf einen erkannten Gefahrenzustand möglich wäre.

Bild 3
Unfälle in Deutschland innerhalb und außerhalb geschlossener Ortschaften.
Quelle: Statistisches Bundesamt Deutschland (2002).

Bild 4
Reduzierung der Unfallwahrscheinlichkeit abhängig von der Vorverlegung der Fahrerreaktion
1 Gegenverkehrsunfälle
2 Kreuzungsunfälle
3 Auffahrunfälle

Quelle: Enke, K. Possibilities for Improving Safety within the Driver Vehicle Environment Loop.
7th International Conference on Experimental Safety Vehicle, Paris (1979).

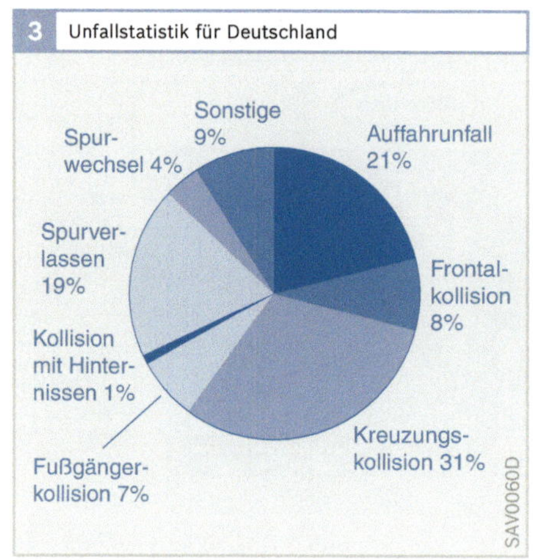

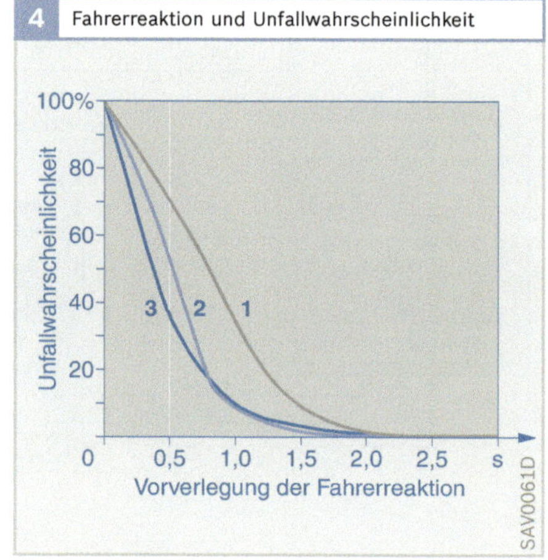

Klassifizierung von fahrerunterstützenden Systemen

Es gibt eine Vielzahl von Fahrerassistenzsystemen, die den Fahrer in allen Verkehrssituationen unterstützen und ihm ein entspanntes, stress- und unfallfreies Fahren ermöglichen sollen. Der Begriff *Fahrerassistenzsystem* wird vielfach genutzt, abhängig von der Entfernung des Wirkungsfeldes vom eigenen Fahrzeug und der Anwendung (Bild 5).

Fahrerinformationssysteme
Fahrerinformationssysteme, die Fahrer und Beifahrer mit relevanter Information versorgen, wirken im Fahrzeug. Hier unterscheidet man zwischen Primärinformation (z. B. Fahrgeschwindigkeit, Navigationshinweise, ACC-Betriebsgrößen) in der Nähe des primären Sichtfelds des Fahrers (Kombiinstrument) oder im primären Sichtfeld auf der Windschutzscheibe (Head-up-Display).

Der sekundäre Informationsbereich mit weniger wichtigen Informationen wird in der Mittelkonsole dargestellt. Beispiele hierfür sind Kartendarstellung des Navigationssystems, Telefon, Klimaanlage oder Unterhaltung.

Navigationssysteme wirken im Vorausschaubereich. Sie erlauben den Empfang von Satellitendaten zur eigenen Positionsbestimmung und liefern dem Fahrer Daten über seine Route. Sie gestatten weiterhin den Empfang von Verkehrsinformationen.

Mobiltelefonnetze (GSM, UMTS) wirken über sehr große Entfernungen. Sie dienen heute der privaten Kommunikation, sollen in Zukunft aber auch für Notrufe (z. B. eCall) Verwendung finden.

Fahrzeugkommunikationssysteme
Die rasche Verbreitung von Funksystemen im Heim- und Bürobereich (WLAN, Wireless Local Area Network) macht solche Systeme auch für die Fahrzeugapplikation interessant. Fahrzeug-Fahrzeug-Kommunikation (C2CC, Car to Car Communication) und die Kommunikation zwischen Fahrzeugen und Infrastruktureinrichtungen (C2IC, Car to Infrastructure Communication) sind Möglichkeiten zur Erhöhung der Verkehrssicherheit durch situationsgerechte Übermittlung aktueller Verkehrsdaten an andere Verkehrsteilnehmer (z. B Übermittlung von akuten Warnungen bei Unfällen und Staumeldungen).

Prädiktive Fahrerassistenz- und Sicherheitssysteme
Vorausschauende Assistenzsysteme tasten mit Hilfe von Rundumsichtsensoren die Umgebung des Fahrzeugs ab und erfassen Objekte im Fahrzeugumfeld. Aus Relativgeschwindigkeit und Abstand der Objekte zum eigenen Fahrzeug werden Gefahrenzustände erkannt. Der Fahrer kann gewarnt werden (z. B. Ultraschall-Einparkhilfen) oder es werden Fahrzeugeingriffe durch das Steuergerät vorgenommen (z. B ACC, Adaptive Cruise Control).

Systeme zur Fahrzeugstabilisierung
Fahrstabilisierende Systeme greifen in die Fahrzeugdynamik ein. Mit Hilfe von Sensoren werden kritische Fahrzustände er-

5 Wirkungsbereiche von Fahrerassistenzsystemen

Vorausschaubereich

Kommunikationsbereich

Sensierbarer Bereich

Fahrzeug

SAE1091D

mittelt und das Fahrzeug wird durch Eingriffe in Bremse und Gas (zukünftig auch Lenkung) wieder in einen stabilen fahrdynamischen Zustand gebracht. Beispiele hierfür sind ABS (Antiblockiersystem), ESP (Elektronisches Stabilitätsprogramm) und ASR (Antriebsschlupfregelung).

Ende 2001 wurde eine Erhebung des Statistischen Bundesamtes Deutschland veröffentlicht, aus der hervorgeht, dass die Unfallhäufigkeit von Fahrunfällen (Verlust der Kontrolle über das eigene Fahrzeug) bei Fahrzeugen, die mit ESP ausgerüstet sind, signifikant gesunken ist (Bild 6). Diese bisher einmalige Einführung eines Fahrerassistenzsystems zu einem definierten Zeitpunkt erlaubte eine klare statistische Zuordnung des Systems zur Unfallreduktion und bestätigte damit die lange bezweifelte These, dass Fahrerassistenzsysteme ein hohes Unfallvermeidungspotenzial besitzen und ihre Wirkung nicht durch riskante Fahrweise kompensiert wird (Risikokompensation).

Kombination aktiver und passiver Sicherheitssysteme

Zusätzliche Verbesserungen werden von der Verknüpfung von Systemen der aktiven und passiven Sicherheit erwartet. Kritische Situationen mit erhöhtem Unfallrisiko werden durch Kombination der Sensorsignale des ESP und des Bremsassistenten noch besser durch präventive Sicherheitsmaßnahmen am Fahrzeug bewältigt. Die Fahrzeuginsassen können hierdurch bestmöglich auf einen eventuell bevorstehenden Unfall vorbereitet werden, indem reversible Rückhaltemittel (Gurtstraffer) aktiviert, die Lehnen der Sitze senkrecht gestellt und Fenster sowie Schiebedach geschlossen werden.

Ebenso wie das Eingreifen in die Fahrzeugdynamik beim ESP kann das Auslösen von unfallvermeidenden Maßnahmen oder von Maßnahmen zur Minderung von Unfallfolgen immer erst dann erfolgen, wenn eine Größe am Fahrzeug gerade außer Kontrolle geraten ist oder wenn ein Unfall gerade geschieht. Heute werden Airbags erst durch die Sensierung eines bereits eingetretenen Zusammenstoßes ausgelöst. Typische Reaktionszeiten des Systems liegen bei 5 ms. Trotz der extrem kurzen Zeit für die Auslösung von Maßnahmen, die Unfallfolgen mindern, tragen Airbags signifikant zur Verminderung der Unfallschwere und von Unfallfolgen bei. Aber wegen dieses extrem kurzen verfügbaren Zeitintervalls ist das Potenzial heutiger Systeme begrenzt.

Dieses hohe Potenzial zur Unfallfolgenminderung und Unfallvermeidung ist in noch höherem Maße auf prädiktive Fahrerassistenzsysteme übertragbar, da diese vorausschauend auf eine gefährliche Situation reagieren können. Sie erweitern den Detektionshorizont des Fahrzeugs durch Einsatz von Umfeldsensoren. Damit können Objekte und Situationen im Umfeld des Fahrzeugs in die Berechnung von unfallvermeidenden und unfallfolgenmindernden Maßnahmen einbezogen werden.

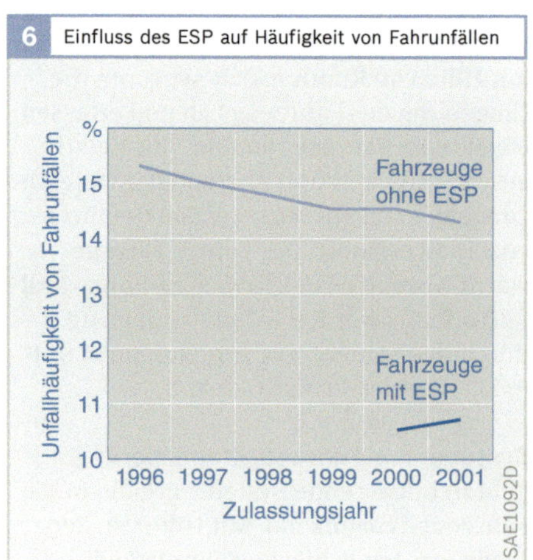

Das sensitive Auto

Fahrerassistenzsysteme erschließen mithilfe intelligenter Umfeldsensorik neue Informations-, Assistenz und Sicherheitsfunktionen. Die Vision ist das *sensitive Auto*, das rundum sehen kann. Das Auto lernt, seine Umgebung wahrzunehmen und zu interpretieren. Die „Augen" des Automobils sind Kameras, der „Tastsinn" sind z. B. Ultraschall- und Radarsensoren. Die Orientierung kommt über Karten- und Positionsinformationen von Navigationssystemen und zukünftigen Car-to-Car- und Car-to-Infrastructure-Kommunikationssystemen (C2CC/C2IC). So erhält das Auto ein eigenes Verständnis für die Fahrsituation.

Fahrzeugrundumsicht
Sensorik und Systeme
Durch eine elektronische Rundumsicht (Bild 7), also eine Sensierung und Erfassung des Fahrzeugumfelds, lassen sich zahlreiche Fahrerassistenzsysteme realisieren.
- Verbreitet sind Einparkhilfen, die mithilfe von Ultraschallsensoren das Fahrzeugumfeld abtasten, Hindernisse erkennen und den Fahrer warnen.
- Mit Long Range Radar (Fernbereichsradar, Reichweite < 200 m) wird der Bereich vor dem Fahrzeug erfasst. Damit kann ACC (Adaptive Cruise Control) die Fahrgeschwindigkeit automatisch an vorausfahrende Fahrzeuge anpassen.
- Mit einer Videokamera wird bei Dunkelheit das mit Infrarot ausgeleuchtete Vorfeld des Fahrzeugs aufgenommen und auf einem Bildschirm am Rande des primären Sichtfeldes des Fahrers dargestellt (NightVision)
- Am Fahrzeugheck installierte Videokameras können beim Rückwärtseinparken und Rangieren Hilfe leisten.

Durch Entwicklung neuer Komponenten und Algorithmen können gegenwärtig neue Systeme im Fahrzeug Einzug halten, andere werden folgen.
- Mit verbesserten Ultraschallsensoren können Parklücken ausgemessen werden. Aufbauend darauf ermöglicht dies ein semi- oder vollautonomes Einparken (Einparkassistent).
- Mit Short Range Radarsensoren (Nahbereichsradar) kann in Zukunft ein „virtueller Sicherheitsgürtel" um das Fahrzeug gebildet werden. Mit solchen Sensoren können z. B. die für den Autofahrer „toten Winkel" überwacht werden. Auch die Erkennung knapper Einscherer wird durch diese Sensoren ermöglicht.

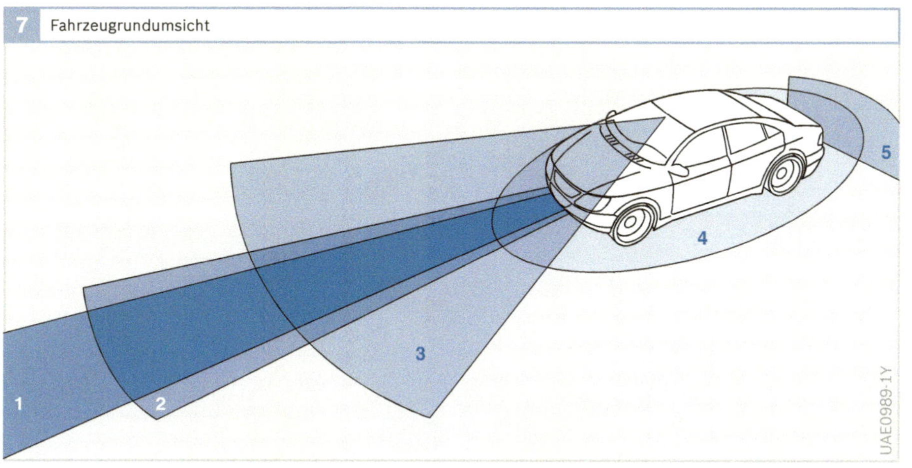

Bild 7
1 77 GHz Long Range Radar:
Fernbereich < 200 m
horizontaler Öffnungswinkel: ± 8°
2 Infrarot:
Nachtsichtbereich < 150 m
horizontaler Öffnungswinkel: 10°
3 Video:
Mittelbereich <80 m
horizontaler Öffnungswinkel: ± 22°
4 Ultraschall:
Ultranahbereich < 2,5 m
horizontaler Öffnungswinkel: ± 60°
(Einzelsensor)
5 Video:
Heckbereich
horizontaler Öffnungswinkel: 60°

▸ Mit Videoüberwachung kann festgestellt werden, ob das Fahrzeug die Spur verlässt. Beim Verlassen der Spur wird der Fahrer gewarnt, oder das System greift aktiv in die Lenkung ein.
▸ Die Videotechnik erlaubt auch die Erkennung und Klassifizierung von Objekten z.B. für einen effektiven Fußgängerschutz.
▸ Eine drohende Kollision mit dem vorausfahrende Fahrzeug kann das Long Range Radar detektieren. Der Fahrer wird gewarnt, oder das System greift selbsttätig in die Bremse ein.

Bild 8 zeigt die vielfältigen Einsatzgebiete von Fahrerassistenzsystemen auf dem Weg zum unfallvermeidenden Fahrzeug. Sie lassen sich untergliedern in Komfortsysteme mit dem möglichen Fernziel *Semiautonomes Autofahren* sowie in Sicherheitssysteme mit dem Ziel *Unfallvermeidung*. Weiter wird differenziert zwischen den aktiven Systemen und den passiven Systemen. Aktive Systeme greifen in die Fahrzeugdynamik ein, passive Systeme warnen den Fahrer lediglich.

Sensordatenfusion

Während der Einführungsphase von Fahrerassistenzsystemen werden diese i.d.R. auf Basis einer einzigen Sensortechnologie realisiert. Beispiele hierfür sind die Ultraschall-Einparkhilfe oder die adaptive Fahrgeschwindigkeitsregelung (ACC).

Mit zunehmenden Anforderungen an die Leistungsfähigkeit der Systeme werden die Funktionen durch Fusion mehrerer Sensortechnologien realisiert oder mit anderen Systemen, z.B. mit einem Navigationssystem kombiniert. Eine Fusion mit dem Navigationssystem ermöglicht die Verknüpfung der Daten der prädiktiven Sensoren mit Daten der Straßengeometrie. Dies ist in Bild 8 durch den Ring zwischen den Komponenten und der Navigation angedeutet.

Die Sensoren der Fahrerassistenzsysteme erfassen Objekte im Umfeld des Fahrzeugs und ermitteln Abstand und Relativgeschwindigkeit der Objekte zum eigenen Fahrzeug. Der Radarsensor misst schneller und präziser als jedes andere Sensorprinzip die Entfernung und die Relativgeschwindigkeit in einem einzigen Messzyklus. Allerdings ist die horizontale Auflösung wegen der begrenzten Anzahl von Radarkeulen (vier beim Bosch ACC 2) eher gering. Aus den Radarsignalen lassen

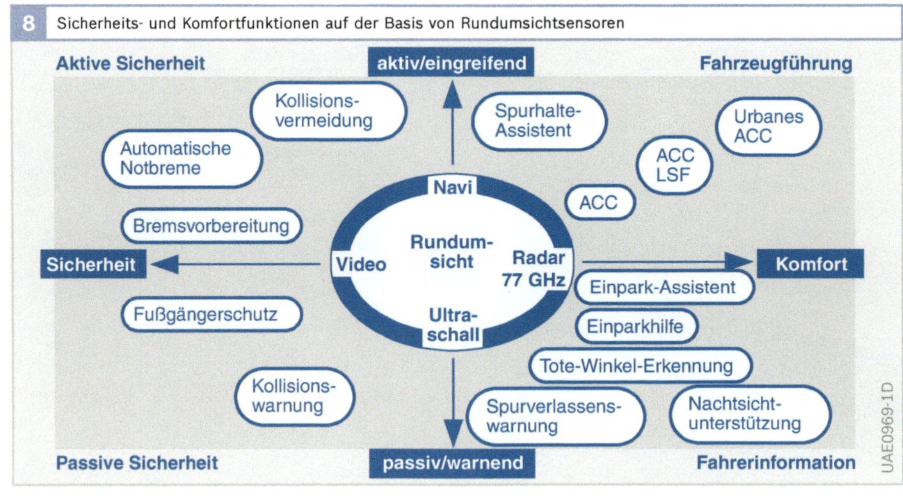

8 Sicherheits- und Komfortfunktionen auf der Basis von Rundumsichtsensoren

sich auch keine Aussagen über Größe und Beschaffenheit des Objekts ableiten, d. h., das Radarsystem kann nicht zwischen einem relevanten Objekt (z. B. einem Fahrrad) und einem irrelevanten Objekt (z. B. einer Getränkedose auf der Fahrbahn) unterscheiden.

Video hingegen hat wegen der hohen Pixelzahl pro Zeile eine sehr gute laterale Auflösung. Mit einer Video-Monolösung, wie sie aus Kostengründen während der Einführungszeit der Videotechnik im Fahrzeug verwendet wird, lässt sich eine gute Mono-Objekt-Detektion (MOD) durchführen. Die longitudinale Messgenauigkeit einer Mono-Kameralösung ist hingegen sehr schlecht. Wegen der hohen Auflösung des Bildsensors kann eine nachgeschaltete Bildverarbeitungseinheit eine recht gute Abschätzung der Objektgröße machen und damit eine zuverlässige Aussage über die Relevanz des Objekts durchführen.

Durch eine Fusion der Daten von Radar und Video werden die positiven Detektionseigenschaften der beiden Sensorprinzipien in optimaler Weise kombiniert. Damit ist eine Mono-Objekt-Verifikation (MOV) mit hoher Genauigkeit für Objektentfernung und Objektgröße möglich. Bild 9 zeigt das Prinzip der Kombination von Radar mit hoher Entfernungsmess-genauigkeit, aber schlechter lateraler Auflösung und Video mit geringer Entfernungsmessgenauigkeit, aber hoher lateraler Auflösung.

Ein anderer wichtiger Aspekt für einige Fahrerassistenzfunktionen stellt die Klassifikationsmöglichkeit von Objekten dar. Der Vorgang des „Sensorsehens" ist grundsätzlich anders als der des menschlichen Sehens. Alle Wellen werden (partiell) von den Oberflächen der Objekte reflektiert, wobei die Stärke des zurückgeworfenen Signals stark von der Natur der Wellen (z. B. elektromagnetische Wellen bzw. akustische Ultraschallwellen), oder von ihrer Frequenz abhängt (Licht im Gegensatz zu Mikrowellen). So kommt es, dass manche Objekte, die bei Licht klar sichtbar sind, mit Radar nur schwer erkannt werden können und umgekehrt.

Menschliche Fahrzeugführer verfügen über exzellente Klassifikationsfähigkeiten, indem sie die Form eines Objekts analysieren. Diese Analyse erfolgt aus der Erfahrung heraus. Im Prinzip kann man dies auch mit videobasierter Bildverarbeitung machen. Bislang scheitert dies aber am hohen Hardwareaufwand für Speicher und an der eingeschränkten Rechnerverfügbarkeit.

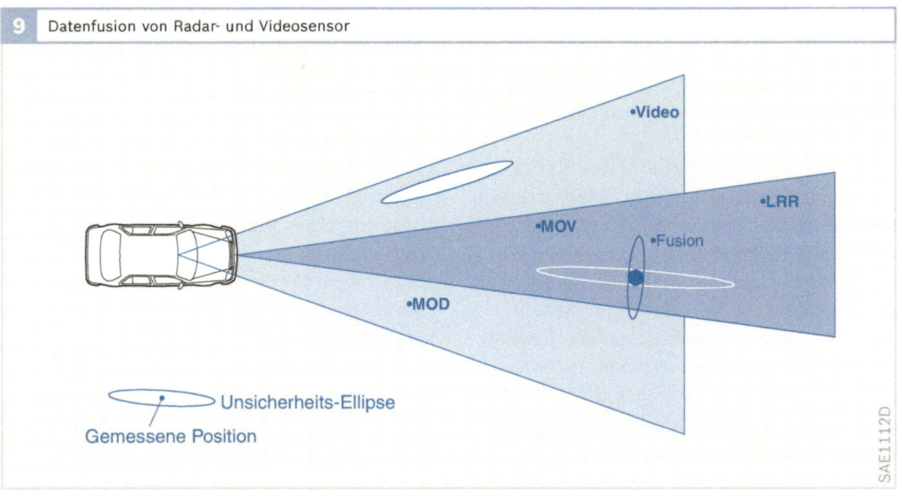

Ausblick

Heute noch isoliert betrachtete und implementierte Informations-, Assistenz- und Sicherheitsfunktionen wachsen schrittweise zusammen und arbeiten kontinuierlich im gesamten Betriebsbereich des Fahrzeugs. Fortschritte in der Sensorik und hochintegrierte, sehr leistungsfähige Halbleiterchips ermöglichen im nächsten Jahrzehnt die Darstellung dieser Funktionen. Im Folgenden sollen einige Beispiele aufzeigen, was die Zukunft bringen wird.

Kreuzungsassistent

Kreuzungssituationen stellen einen der Unfallschwerpunkte im Straßenverkehr dar, besonders im städtischen Umfeld. So ereignen sich in Deutschland rund 30 % aller Unfälle an Kreuzungen.

Die Herausforderung bei der Entwicklung von Kreuzungsassistenzsystemen liegt in der hohen Komplexität von Verkehrssituationen im Kreuzungsbereich. Hinzu kommt, dass derzeit praktisch keine Informationen bezüglich der Kreuzungsinfrastruktur „online" im Fahrzeug, etwa über ein Navigationssystem oder andere Dienste, zur Verfügung stehen. Dies betrifft sowohl Spurinformationen, Kreuzungsgeometrien und Topologien, als auch die geltende Verkehrsregelung auf einzelnen Fahrspuren. Vor diesem Hintergrund wird klar, dass ein Assistenzsystem für allgemeine Kreuzungssituationen aufgrund des akuten Informationsmangels derzeit kaum realisierbar ist.

Gemäß der Unfallstatistik des Statistischen Bundesamtes (Deutschland) machen Linksabbiegemanöver vor bevorrechtigtem Gegenverkehr etwa 24 % aller Kreuzungsunfälle und die Nichtbeachtung eines Vorfahrtsschilds oder einer Ampel rund 17 % aus. Deshalb ist es naheliegend, die Teilfunktion des *Vorfahrtassistenten* und die eines *Gegenverkehrsassistenten für Linksabbiegemanöver* (kurz: *Gegenverkehrassistent*) zu entwickeln.

Vorfahrtassistent
Vorfahrtassistent

Das Ziel der *Vorfahrtassistenz* ist die Vermeidung von Unfällen infolge Missachtung von vorfahrtbeschränkenden Verkehrszeichen und Signalen (z. B. STOP, rote Ampel) mittels rechtzeitiger Fahrerwarnung. Die Hauptaufgaben liegen hier in der Entwicklung einer Ampel- und Verkehrszeichenerkennung mittels Umfeldsensorik, der Entwicklung von Algorithmen zur Warnauslösung und der Gestaltung der Mensch-Maschine-Schnittstelle (HMI).

Stoppschilderkennung

Für die Funktion *Vorfahrtassistent* wird eine echtzeitfähige videobasierte Stoppschilderkennung eingesetzt. Die Stoppschilder werden dabei mittels einer Mono-Kamera erfasst. Der Bildverarbeitungsalgorithmus untersucht den Bildbereich auf achteckige Formen und führt bei Erfolg zusätzlich einen Mustererkennungsabgleich auf den Schriftzug „STOP" durch. Mit der bis heute erzielten Detektions- und Klassifikationsleistung ist es möglich, Stoppschilder in einer Distanz von bis zu 40 m zu erkennen, was in der Regel ausreicht, im innerstädtischen Verkehr rechtzeitige Fahrerwarnungen zu generieren.

Eine andere Möglichkeit besteht in der Realisierung eines navigationsbasierten Systems, mit Hilfe dessen die Algorithmik und das HMI-Konzept für den Vorfahrtassistenten unter Verwendung digitaler Karten realisiert wird.

Ampelerkennung

Ein zufriedenstellendes Resultat für eine Ampelerkennung ist derzeit nur unter Verwendung eines Farbkamerasystems erzielbar. Die Nutzung von Farbinformationen gestattet im Vergleich zu monochromen Systemen den Einsatz einfacherer, robuster und schnellerer Algorithmen. Zudem profitiert auch die Erkennung des Signalzustandes in hohem Maße von der Farbinformation. Bei Dämmerung und Nachtfahrten ist diese nahezu unverzichtbar.

Fahrerwarnung

Bei der Annäherung an das Stoppschild bzw. an die Ampel erfolgt zunächst eine optische Fahrerinformation. Deutet eine zu hohe, unangepasste Geschwindigkeit auf eine Unachtsamkeit des Fahrers hin, so erfolgt eine optische und im weiteren Verlauf auch akustische Fahrerwarnung. Die Warnungen werden bei Überschreitung definierter Schwellen für die Bremsverzögerung bis zur Haltelinie und unter Berücksichtigung der Fahrerreaktionszeit ausgegeben.

Als letztes Mittel wird als haptische (d. h. den Tastsinn ansprechende) Maßnahme ein „Warnbremsruck" aktiviert, nach dem der Fahrer noch die Möglichkeit hat, mit einem sehr scharfen Bremsmanöver an der Haltelinie zum Stillstand zu kommen.

Ein absichtliches Überfahren der Haltelinie wird durch das System nicht verhindert, d. h., eine automatische Zwangsabbremsung des Fahrzeugs ist, obwohl technisch möglich, in der derzeitigen Systemauslegung nicht vorgesehen.

Gegenverkehrassistent

Der Gegenverkehrassistent hat die Vermeidung von Unfällen beim Linksabbiegen durch Missachtung des vorfahrtberechtigten Gegenverkehrs zum Ziel.

Zeitlückenschätzung beim Abbiegevorgang

Bei Abbiegemanövern über die Gegenfahrbahn schätzt der Fahrer den Zeitabstand (Zeitlücke) zu entgegenkommenden Fahrzeugen intuitiv ein und trifft dann die Entscheidung, ob ein gefahrloses Abbiegemanöver möglich ist oder nicht. Dabei variieren die Zeitlücken im realen Verkehr in einem weiten Bereich von ca. 4…14 s. Der Grund für diese große Varianz ist, dass die Zeitlückenschätzung der Fahrer von einer Vielzahl von Faktoren abhängen kann, wie zum Beispiel der Kreuzungstopologie, der Anzahl der Fahrspuren, der Verkehrsrege-

lung, der Sichtverhältnisse, der Verkehrsflussgeschwindigkeit, dem Fahrzeugtyp des Gegenverkehrs (Motorrad, Pkw, Lkw), der Verkehrsdichte, dem Alter des Fahrers, der vom Fahrer individuell bevorzugten Abbiegetrajektorie oder dem Anfahrverhalten.

Da keiner der genannten Einflussfaktoren als Information für das adressierte Assistenzsystem zur Verfügung steht, ist es derzeit kaum möglich, ein System zu entwerfen, das den Fahrer direkt beim Treffen der Abbiegeentscheidung unterstützt. Deshalb kann die Funktion *Gegenverkehrassistent* als reines Kollisionwarn- (optische, akustische oder haptische Warnung) bzw. Kollisionvermeidungssystem (prädiktives Sicherheitssystem) ausgelegt werden, das nur bei akuter Kollisionsgefahr mit dem Gegenverkehr in Aktion tritt.

Fahrerwarnung

Das System muss zunächst den Abbiegewunsch des Fahrers aus fahrzeugeignen Messgrößen wie zum Beispiel dem Blinkersignal, dem Lenkwinkel oder der Lenkwinkelgeschwindigkeit erkennen. Neben dem Abbiegewunsch muss auch ein Signal für die Erkennung des Anfahrwunsches generiert werden. Zu diesem Zweck wird unter anderem die Gaspedalstellung, die Fahrzeuglängsbeschleunigung und die Gang-/Wählhebelstellung ausgewertet.

Danach müssen potenzielle Gegenverkehrsobjekte aus den Objekten des Long-Range-Radarsensors oder anderer zusätzlicher Sensoren wie z. B. Videokamera oder Short-Range-Radarsensorik herausgefiltert werden. Dadurch wird sichergestellt, dass nur plausible Objekte in die nachgeschalteten Warnauslösealgorithmen eingehen und sich damit die Anzahl der zu verarbeitenden Objekte reduziert. Reagiert der Fahrer nicht auf die optische, akustische oder haptische Warnung, löst der Fahrzeugrechner eine Bremsung aus, um den Unfall zu vermeiden.

**Fahrzeug-Fahrzeug- und
Fahrzeug-Infrastruktur-Kommunikation**
Während früher Funktionalitäten in einem
Fahrzeug üblicherweise als Stand-alone-
Systeme realisiert wurden, gehören in
heutigen Fahrzeugen Komunikationsbus-
systeme zum Standard. Diese ermöglichen
den fast unbegrenzten Austausch von Daten innerhalb des Fahrzeugs und damit
eine stetig wachsende Zahl von Verbund-
funktionen, die sich u. a. durch Mehrfachnutzung von Sensoren und/oder Aktoren
auszeichnen. Die weitere Entwicklung
wird es zukünftig erlauben, Daten zwischen Fahrzeugen untereinander (Car-to-
Car, C2C) sowie zwischen Fahrzeugen und
intelligenter Infrastruktur (Car-to-Infra-
structure, C2I) auszutauschen.

Anwendungen
Die Funktionen – unter dem Begriff C2X
zusammengefasst – sind sehr vielfältig:
▶ Entertainment (z. B. Musik-/Video-
Download, Internet im Fahrzeug).
▶ Verkehrseffizienz (z. B. Verkehrsinfo
und –lenkung).
▶ Verbrauchseffizienz (z. B. aufgrund opti-
mierten lokalen Verkehrsflusses/harmo-
nisierter Geschwindigkeit).
▶ Fahrerassistenz (z. B. Verkehrszeichen-
erkennung, Ampelassistenz).
▶ Sicherheitsfunktionen (z. B. Stauende-
warner, Kollisionsvermeidung).
▶ Kommerzielle Anwendungen (z. B. Park-
raumbezahlung, Zugangsberechtigung,
Ferndiagnose/-wartung).

Technische Voraussetzungen
Übertragungstechnik
Für eine Reihe von Funktionen können
Kommunikationstechniken verwendet
werden, wie sie aus dem Consumer-
Electronic-Bereich bekannt sind. Hierzu
gehören die Mobilfunkstandards (z. B.
GSM, UMTS) oder WLAN (z. B.
IEEE 802.11a/b/g/n). Zukünftig ist auch
der Einsatz von Breitbandtechniken (z. B.
WiMAX, MBWA) möglich. Applikationen,

die extrem kurze Verzögerungszeiten bei
der Übertragung von Daten erfordern und
ohne Basisstationen auskommen müssen
(wie bei C2C), lassen sich damit jedoch
nicht darstellen. Derzeit befindet sich für
diese speziellen Automotive-Anwendun-
gen der DSRC- Standard (Dedicated Short
Range Communication) in der Entwicklung. Es handelt sich dabei um eine Modifi-
kation des WLAN-Standards mit erhöhten
Sicherheitsanforderungen, erweitert um
die Fähigkeit, in einem hochdynamischen
Kommunikationsnetz Daten auszutauschen.

Datensicherheit (Security)
Hinsichtlich der Datensicherheit bestehen
die Anforderungen im Wesentlichen in den
folgenden Punkten:
▶ Datenintegrität: Falsche/veränderte Daten dürfen nicht gesendet werden oder
müssen zumindest als solche erkannt
werden.
▶ Anonymität: Anforderungen des Daten-
schutzes hinsichtlich der Privatsphäre.
▶ Kompatibilität: Verträglichkeit von
Security-Verfahren über Jahrzehnte.
▶ Update/Upgrade-Fähigkeit: Möglichkeit,
alte Fahrzeuge auf den neuesten Stand
der Security-Verfahren zu bringen.
▶ Echtzeitfähigkeit: Obige Anforderungen
bedingen hohe Rechenleistung für Ver-
und Entschlüsselung usw.

Positionierung
C2X-Anwendungen benötigen Informationen über die Position des eigenen Fahrzeugs sowie die des Kommunikationspart-
ners. Im einfachsten Fall reicht eine abso-
lute Positionsbestimmung mittels GPS/
Galileo aus. Für eine relative Positionierung kann z. B. Differential-GPS zum Einsatz kommen. Die dadurch gewonnene höhere Genauigkeit ist insbesondere für
stark sicherheitsrelevante Anwendungen
erforderlich.

Fahrerzustandserkennung

Fahrerassistenzsysteme verwenden die Umfeldsensorik, um daraus die für die Unterstützung notwendige Information über die Umgebung des Fahrzeugs zu ermitteln. Insbesondere sicherheitsgerichtete Systeme, die darauf abzielen, Kollisionen zu verhindern, erkennen so kritische Abstände und können den Fahrer warnen oder im Notfall direkt in die Fahrzeugführung eingreifen. Der kritische Abstand selbst ist jedoch in vielen Fällen die Folge einer vorausgehenden Fehlhandlung oder Fehlreaktion des Fahrers. So zeigen Untersuchungen der US-Behörde NHTSA (National Highway Traffic Safety Administration, 2006), dass bei 80 % aller Unfälle und 65 % der Beinahe-Unfälle Unaufmerksamkeit des Fahrers eine entscheidende Ursache ist; allein der Aspekt Müdigkeit spielt bei 20...25 % der Fälle eine Rolle. Fahrerassistenzsysteme erkennen über Umfeldsensorik also die Auswirkung, nicht jedoch die Ursache des Fahrfehlers.

Wenn es möglich ist, den Fahrerzustand zu erfassen, erlaubt dies eine Anpassung des Warn- und Eingriffskonzepts eines Assistenzsystems. Ein unaufmerksamer oder müder Fahrer muss bereits in einer frühen Phase gewarnt werden, um ihm ausreichend Zeit zur Reaktion zu verschaffen. Der konzentrierte Fahrer hingegen würde durch zu frühe Warnungen eher gestört. Die Anpassung eines Fahrerassistenzsystems an den Fahrerzustand verspricht zusätzliche Sicherheit bei gleichzeitig besserer Akzeptanz durch den Fahrer.

Detektionsmöglichkeiten

Direkte Verfahren
Direkte Verfahren führen über die Messung physiologischer Signale des Menschen wie z. B. Herzrate, Hautleitfähigkeit, Lidschluss oder andere Größen, die in direktem Zusammenhang mit seinem Zustand stehen. Zu ihrer Messung ist im Fahrzeug eine zusätzliche Sensorik erforderlich, die den Fahrer nicht belasten darf. Ein Herzratensensor kann z. B. im Lenkrad oder in der Rückenlehne untergebracht werden. Die für eine Aufmerksamkeits- oder Müdigkeitserkennung besonders wichtige Blickrichtungs- und Lidschlusserfassung kann mit Hilfe einer Videokamera erfolgen.

Indirekte Verfahren
Indirekte Verfahren erfassen nicht den Zustand des Fahrers selbst, sondern die Veränderung seiner Leistung in der Fahrzeugführung. Ein müder Fahrer ist in seiner Motorik eingeschränkt, was sich insbesondere im Lenkverhalten niederschlägt (z. B. plötzliche starke Lenkbewegungen). Bedienhandlungen an Informationssystemen (z. B. Senderwahl am Autoradio) erzeugen kurzfristige Unaufmerksamkeit. Fahrzeugeigene Sensorik (Lenkwinkelsensor bzw. detektierte Bedientätigkeit) kann verschiedene Aspekte des Fahrerzustands (längerfristige Müdigkeit bzw. kurzfristige Ablenkung) messen.

Müdigkeitswarnsystem

Neben der Berücksichtigung des Fahrerzustands bei der Anpassung der Assistenzsysteme besteht weiteres Potenzial zur Erhöhung der Sicherheit auch in der Bereitstellung zusätzlicher Funktionen wie einem eigenen Müdigkeitswarn- oder - informationssystem. Hier wird dem Fahrer direkt sein Zustand zurückgemeldet bzw. es werden Maßnahmen eingeleitet, ohne dass die Leistungseinschränkung bereits zu Fahrfehlern geführt hat.

Entwicklung von Fahrerassistenzsystemen

Die Zahl der Bedienfunktionen im Kraftfahrzeug nimmt zu. Der Nutzer möchte die Funktionen mit wenig Aufwand verstehen und langfristig ohne großen Aufwand nutzen können. Dies erfordert einfach aufgebaute und leicht nachvollziehbare Bedienfolgen. Ideal wäre „intuitive Bedienbarkeit": Der Nutzer macht ohne Vorbereitung intuitiv das Richtige, um die gewünschte Funktionalität zu realisieren.

Bei gleichzeitig zunehmender Komplexität der Fahrzeuge können diese Ziele nur erreicht werden, wenn der Nutzer mit seinen Bedürfnissen im Mittelpunkt der Entwicklung steht.

Unterstützungsbedarf des Fahrers führt zur Produktidee

Die Entwicklung der Interaktion zwischen Fahrer und Assistenzsystem ist – wie in Bild 10 dargestellt – Bestandteil innerhalb der gesamten Entwicklungskette des Systems. Der Bedarf an sinnvollen Fahrerassistenzsystemen (FAS) kann aus der Analyse von Unfalldaten, aus Feldbeobachtungen, aus der Analyse einzelner Fahrsituationen oder Befragungen von Nutzergruppen ermittelt werden. So können aus der großen Zahl der Unfälle bei Nacht, verglichen mit der gleichen Fahrleistung bei guten Sichtbedingungen, Systeme zur Sichtverbesserung abgeleitet werden – seien es bessere Scheinwerfer, die den Straßenverlauf oder entgegenkommende Fahrzeuge berücksichtigen oder Nachtsichtsysteme, die durch Nutzung von Infrarotstrahlung dem Fahrer mehr Information bieten.

Fahrer unterscheiden sich erheblich hinsichtlich ihrer Lebenssituation, ihrer sensorischen und mentalen Fähigkeiten, ihrer Risikobereitschaft und ihrer Fahrerfahrung. Aus der Vielfalt der Benutzergruppen und der Nutzungssituationen können bestimmte Nutzertypen und Fahrsituationen ausgewählt werden. Dies kann z. B. „Mutter mit Kind" und „Einfahrt in Tiefgarage" mit „Familienvan" sein. Auch die analytische Untersuchung einer Abfolge von Situationen, wie sie z. B. bei einer „Urlaubsfahrt mit Familie in ein Hotel in Spanien" auftreten, kann Hinweise auf bisher nicht identifizierten Bedarf an Unterstützung durch Fahrerassistenzsysteme geben.

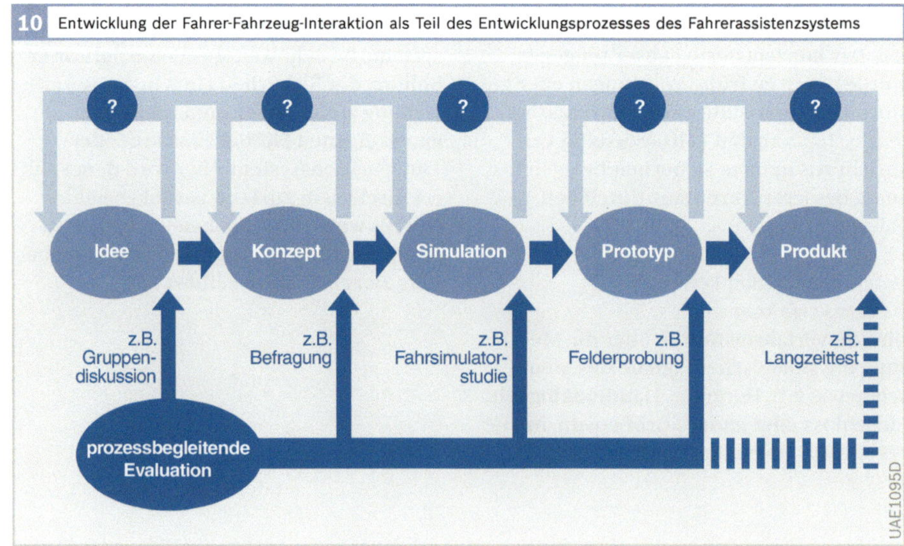

10 Entwicklung der Fahrer-Fahrzeug-Interaktion als Teil des Entwicklungsprozesses des Fahrerassistenzsystems

Auch die systematische direkte Arbeit mit Nutzern aus diesen Gruppen hat sich als sehr erfolgreich erwiesen, um bisher nicht bekannten Assistenzbedarf zu ermitteln oder um Produktideen lange vor einer Realisierung hinsichtlich ihrer Marktchancen zu bewerten.

Da neue Fahrerassistenzsysteme zunächst in Neuwagen eingebaut und verkauft werden, sind insbesondere typische Käufer von Neuwagen zu untersuchen. Aus ihnen wurden folgende Nutzertypen abgeleitet:

- ▶ der Ältere Autofahrer,
- ▶ der Geschäftsreisende,
- ▶ der Spaßfahrer und
- ▶ der Familienmanager.

Häufige Gemeinsamkeiten des Nutzertyps „Älterer Autofahrer" sind eingeschränkte Beweglichkeit und eingeschränkte sensorische Leistungsfähigkeit. Sie nehmen nicht am Berufsverkehr teil sondern haben meist hohe zeitliche und räumliche Flexibilität.

Der Nutzertyp „Geschäftsreisender" nutzt den Pkw intensiv und häufig dienstlich, hat kaum zeitliche Flexibilität und keine freie Zielwahl. Für ihn ist die Kommunikation mit externen Partnern oder Datenbanken wesentlich und sollte auch während der Fahrt ohne Gefährdung der Verkehrssicherheit ermöglicht werden.

Der „Familienmanager" ist meist im Stadt-/Kurzstreckenverkehr unterwegs, um Besorgungen zu erledigen, um Einkäufe und Kinder zu transportieren. Langes Stehen vor Ampeln im Stadtverkehr, mit Kindern im Fahrzeug, wurde von dieser Gruppe z. B. als unangenehme Situation bezeichnet.

„Spaßfahrer" betrachten ihr Auto oft als Hobby. Sie haben eine emotionale Beziehung zu ihrem Fahrzeug. Sie fahren gerne und sind manchmal gerne schnell unterwegs. Sie nannten Angst vor Beschädigung, Einbruch, Diebstahl des eigenen Autos beim Parken als wesentliches Problem.

In Workshops mit ausgewählten Vertretern eines Nutzertyps und Ingenieuren werden gemeinsam kritische Ereignisse aus den Erfahrung der Nutzer analysiert und Lösungsansätze diskutiert und bewertet. So wurde aus der Arbeit mit „Älteren Autofahrern" z. B. das Problem „Schlechte Sicht und Blendung", z. B. bei Nachtfahrten, durch nasse Fahrbahn, tief stehende Sonne und Scheinwerfer des Gegenverkehrs gefunden. Auch das Wahrnehmen von anderen Verkehrsteilnehmern, von Tieren, Gegenständen auf der Fahrbahn, von Verkehrszeichen und Ampeln bereitet ihnen oft Probleme.

Konkretisierung in der Konzeptentwicklung

Erfolgversprechende Produktideen werden im folgenden Entwicklungsschritt in technische Konzepte umgesetzt. Hier hat sich eine standardisierte Beschreibung bewährt, die auch eine analytische Bewertung des Endkundennutzens erlaubt. Wichtige Dimensionen dieser Bewertung sind die Häufigkeit der Nutzung der Funktionen, ihr Potenzial zur Verbesserung der Verkehrssicherheit, Auswirkungen auf die Umwelt, Kosten für Anschaffung und Wartung. Auch eine anschauliche Darstellung des Fahrerassistenzsystems, die sich für die Präsentation gegenüber Endkunden in Workshops eignet, kann jetzt entstehen. In dieser Phase müssen die grundlegenden Funktionen des Fahrerassistenzsystems bekannt sein – einschließlich ihrer Grenzen. Auch die Interaktionsmedien werden festgelegt, d. h., ob über den sprachlichen, visuellen oder haptischen Kanal mit dem Nutzer kommuniziert werden soll. Dabei sind die spezifischen Eignungen und Einschränkungen dieser Interaktionskanäle zu beachten, auch ihre Inanspruchnahme in der Fahrsituation, in denen das Fahrerassistenzsystem benutzt wird. Stets sollten mehrere Kanäle parallel genutzt werden, um die Sicherheit der Informationsübertragung zum Fahrer zu erhöhen.

Gestaltung des Interface und des Bediendialoges

In dieser Entwicklungsphase wird eine präzise, strukturierte Beschreibung der Leistungen des Systems und der Situationen, unter denen diese erbracht werden können, benötigt. Dazu wurden standardisierte Beschreibungen von Verkehrssituationen und rechnergestützte Tools entwickelt. Darauf basierend wird die Mensch-Maschine-Interaktion (HMI, Human Machine Interaction), bestehend aus dem Interface und dem Dialog zwischen Nutzer und System, im Detail erarbeitet.

Ziele sind neben anderen, dass der Bediendialog mit der Fahrzeugführung vereinbar ist. Das heißt z. B., dass der Fahrer entscheiden kann, wann und wie lange er sich der Bedienung zuwendet, dass keine übermäßig lange Blickabwendung von der Fahrbahn erforderlich ist, dass er bei Unterbrechungen der Bedienung ohne Verluste früherer abgeschlossener Bedienschritte diese wieder fortführen kann.

Der Bediendialog ist weiterhin so zu gestalten, dass jeder einzelne Dialogschritt durch Rückmeldung des Dialogsystems unmittelbar verständlich ist oder dem Benutzer auf Anfrage erklärt wird. Die Reaktionen des Systems müssen den Erwartungen des Fahrers entsprechen. Fehler bei der Interaktion dürfen keine gravierenden Auswirkungen haben und ohne großen Aufwand korrigiert werden können. Der Fahrer soll im Umgang mit dem System unterstützt und angeleitet werden.

Zur Analyse möglicher Auswirkungen einer bestimmten Funktion eines Assistenzsystems werden Fragenkataloge eingesetzt, wie sie z. B. in dem EU-Projekt RESPONSE (RESPONSE 3, 2003) entwickelt wurden.

In dieser Phase wird das System meist durch eine Simulation im Rechner dargestellt. Es folgen Tests mit repräsentativen Probanden in der sicheren Umgebung des Labors und im Fahrsimulator.

Fahrversuche mit Prototyp

Mit zunehmender Reife eines Systems und wachsender Erfahrung seiner Auswirkungen auf die Nutzer wird ein Prototyp des Assistenzsystems aufgebaut. Mit ihm sind in diesem Stadium Fahrversuche im Testgelände möglich. Zunächst beginnt man mit erfahrenen Experten, später folgen umfangreichere Feldversuche mit ausgewählten Nutzergruppen. Dazu wurden ausgefeilte Bewertungsverfahren entwickelt, mit denen die Einflüsse der Interaktion mit FAS auf einzelne Dimensionen der Fahrqualität zuverlässig ermittelt werden können.

Rückmeldung vom Markt

Sobald ein System als Produkt im Markt eingeführt wird, wächst weitere Erfahrung, die von HMI-Experten (Human Machine Interface, Mensch-Maschine-Schnittstelle) erfasst und ausgewertet wird und in den Entwicklungsprozess der nächsten Gerätegeneration einfließt. Auch Langzeittests mit ersten, ausgewählten Käufern werden durchgeführt.

Alle diese Prozessschritte werden Iterationen enthalten, falls ein Bedarf an Modifikationen und Verbesserungen eines Systems in den Bewertungsschritten deutlich wird.

Änderung der Beziehung Fahrer-Fahrzeug durch FAS

Die Nutzung von Fahrerassistenzsystemen verändert die Aufgabe des Fahrers erheblich. Diese Effekte sind bereits während der gesamten Entwicklung eines FAS zu beachten und ihre Auswirkungen auf Verkehrssicherheit und Komfort zu überprüfen.

Die zunehmende Komplexität der Assistenzsysteme erschwert ihr Verstehen. Beispielsweise bietet die Weiterentwicklung des Tempomaten zum ACC bis hin zum Stauassistenten zunehmende Entlastung des Fahrers, es steigt andererseits aber auch mit der Komplexität die Gefahr, dass die Funktionsgrenzen vom Fahrer nicht mehr verstanden werden.

Setzt ein Fahrer ein Assistenzsystem ein, das direkt in das Fahrgeschehen eingreift (z. B. ACC mit Teilübernahme der Längsführungsaufgabe oder einer Stop&Go-Funktion), so bedeutet das eine fundamentale Veränderung seiner Aufgabe zur Fahrzeugführung. Teile der bisherigen Fahraufgabe können an das Assistenzsystem delegiert werden - darauf beruht ja der Entlastungseffekt dieser Systeme mit positiven Auswirkungen auch auf die Verkehrssicherheit - und die verbleibende Aufgabe enthält nunmehr weniger regelnde und mehr überwachende Anteile.

Das Assistenzsystem zeigt ein eigenständiges Fahrverhalten, das möglicherweise vom Normalverhalten des Fahrers abweicht. Abhängig vom Automatisierungsgrad kann sich der Fahrer dadurch zeitweise mehr oder weniger in eine Art Beifahrersituation versetzt fühlen. Auch die Nachbildung des eigenen Verhaltens des Fahrers durch ein FAS ist keine Garantie, dass der Fahrer dieses Verhalten für gut befindet. Die Qualität des Zusammenwirkens zwischen Fahrer und Assistenzsystem ist aber wesentlich für die Akzeptanz der Systeme.

Dieses Verhalten eines FAS muss vom Fahrer gelernt werden. Er muss „erfahren", welche Leistungen das FAS in welcher Situation erbringen kann und wo dessen Funktionsgrenzen sind. Dabei wird er ein „inneres", ein geistiges Modell des Verhaltens des FAS aufbauen. Dieses muss nicht mit dem physikalischen System des FAS übereinstimmen. Mit zunehmender Erfahrung wird sich dieses Modell verfeinern und eventuell korrigieren. Es hilft dem Fahrer, das System effizienter zu nutzen und Vertrauen aufzubauen.

Zur Erfassung der Verkehrssituation hat das System eigene Sensoren, deren Erfassungsbereiche normalerweise nicht mit denen der menschlichen Sinnesorgane übereinstimmen. Die Grenzen der Sensoren und der Signalverarbeitung bestim-

men wesentlich die Funktionalität des FAS. Sind diese Grenzen für den Fahrer nicht verständlich, wird es für ihn schwierig, das Gesamtsystem zu verstehen und damit bestimmungsgemäß einzusetzen.

Es ist prinzipiell schwierig, ein Verhalten, das selten auftritt, zu lernen. Speziell das Verhalten in Gefahrensituationen kann real nicht erlernt werden. Hier liegt ein großes Problem bei der Gestaltung und Auslegung von FAS, die nur in Gefahrensituationen eingreifen. Hilfreich könnte der Einsatz von Simulatoren im Lernprozess sein.

Bei der Interaktion mit dem Fahrerassistenzsystem besteht die Gefahr, dass sich der Fahrer zu lange von der primären Fahraufgabe abwendet. Unerwartete Meldungen oder Aktionen eines Fahrerassistenzsystems können ihn auch ablenken oder sogar erschrecken. Häufige und lang andauernde Blickabwendungen vom Verkehrsgeschehen durch die Interaktion mit Fahrerassistenzsystemen müssen vermieden werden. Dies muss bei der Gestaltung des Interface und des Dialogs berücksichtigt werden. Anzeigen sind so zu gestalten und zu platzieren, dass sie hinreichend schnell abgelesen werden können. Dies ist in ISO 15008 im Detail festgelegt. Akustische Warnungen müssen in ihrer spektralen Zusammensetzung und Lautstärke gemäß ISO 15006 gestaltet werden. Dialoge müssen vom Fahrer initiiert und getaktet werden, sie müssen jederzeit unterbrechbar sein, ohne wesentlichen Verlust bisheriger Dialogschritte.

Die Interaktion des Fahrers mit dem Fahrerassistenzsystem bindet zusätzliche geistige Kapazität des Fahrers. Dies stellt prinzipiell eine Zusatzbelastung dar, die durch die entlastende Wirkung des Fahrerassistenzsystems zumindest kompensiert, besser aber übertroffen werden muss. In besonders anspruchsvollen Fahrsituationen sollte er nicht durch andere nichtfahrtbezogene Aufgaben zusätzlich belastet werden.

Eine Möglichkeit ist, die Interaktion mit dem Fahrerassistenzsystems so zu gestalten, dass die Gesamtbelastung aus der Fahraufgabe und der Interaktion ein bestimmtes Maß nicht überschreitet. Dies erfordert eine Anpassung der Interaktion an die Verkehrssituation und den augenblicklichen Zustand des Fahrers. In eine Schätzung der momentanen Belastung durch die Verkehrssituation können Faktoren wie Streckenmerkmale aus einer mitgeführten digitalen Karte, Wissen über den umliegenden Verkehr durch fahrzeugeigene Sensoren, Kenntnisse über die Fahrdynamik basierend auf Quer- und Längsbeschleunigungen sowie über Wetter- und Straßenverhältnisse einbezogen werden. Auch Nebentätigkeiten wie z. B. Gespräche mit Beifahrern können einbezogen werden, um die momentane Leistungsfähigkeit des Fahrers zu schätzen.

Nur wenn für die Fahraufgabe genügend Kapazität beim Fahrer zur Verfügung steht, werden bestimmte anspruchsvolle Interaktionen angeboten. Auch der Unterstützungsgrad durch das Fahrerassistenzsystem kann erhöht werden, indem z. B. bei einem beanspruchenden Telefongespräch die Längs- und Querführung des Fahrzeugs durch ein Fahrerassistenzsystem übernommen wird. Bei hoher Belastung des Fahrers kann auch ein Telefonanruf zurückgestellt werden, bis die Verkehrssituation es erlaubt, den Anruf anzunehmen.

Unterschiedliche Nutzertypen haben in verschiedenen Fahrsituationen unterschiedliche Wünsche an die Auslegung von Fahrerassistenzsystem. So wurde in dem Projekt SANTOS (König, 2003) ein HMI entwickelt, bei dem der Fahrer seinen Fahrstil - entspannt, normal oder sportlich - eingeben kann, womit er das Verhalten mehrerer Fahrerassistenzsysteme gleichzeitig einstellt. Weiterhin kann er entsprechend seiner Fahrsituation wählen, ob er mehr oder weniger Unterstützung wünscht in Form einer Empfehlung, einer Warnung oder einer Regelung bzw. eines Eingriffs des Fahrerassistenzsystems.

Es ist bekannt, dass auch eine länger dauernde Unterforderung oder monotone Beanspruchung ebenso wie eine Überforderung zu einer erhöhten Fehlerwahrscheinlichkeit führt. Es besteht das grundsätzliche Problem, dass ein FAS mit zunehmender „Perfektion" in immer mehr Situationen seine Aufgabe erfüllen kann, so dass der Fahrer zunehmend seltener eingreifen muss, dies aber dann in den schwierigsten Situationen. Durch die Gestaltung des FAS muss sichergestellt werden, dass er zumindest hinsichtlich seines Informationsstandes jederzeit die Aufgabe vom FAS wieder übernehmen könnte. Dazu gehört ein angemessenes Situationsbewusstsein (Situation Awareness), das außer durch die Erfahrung des Fahrers auch durch dessen permanente Einbeziehung in den Fahrprozess bestimmt wird. Dem bereits kurzfristig wirksamen Verlust an motorischer Fertigkeit ist sicher schwieriger zu begegnen. Hier besteht noch Forschungsbedarf!

Menschliches Verhalten orientiert sich am subjektiven Risiko, das vom objektiven deutlich abweichen kann. Es ist deshalb auch zu untersuchen, ob die Nutzung eines FAS längerfristig zu einer veränderten, nicht angemessenen Einschätzung des Risikos einer Fahrsituation führt. Ihr muss durch eine entsprechend gestaltete Rückmeldung an den Fahrer entgegengewirkt werden. Die Verantwortung des Fahrers auch bei Nutzung eines FAS muss deutlich herausgestellt werden.

Im Wiener Übereinkommen über den Straßenverkehr (1968) ist festgeschrieben: „Jeder Führer muss sein Fahrzeug dauernd beherrschen können..." Auch nach heutigem Stand der Diskussion in Fachkreisen ist es unumgänglich, dass der Fahrer die Verantwortung für die Fahrzeugführung auch bei Einsatz von FAS behalten muss. Dies hat zur Folge, dass er die Aktionen eines FAS jederzeit übersteuern können muss. Dies wiederum verlangt eine

Gestaltung, die ihm den momentanen Zustand eines FAS transparent macht, sodass er ein angemessenes „inneres Modell" des Systemverhaltens aufbauen kann. Es erscheint aber sehr schwierig, in Situationen mit großer Dynamik zu erkennen, ob der Fahrer die autonome Aktion eines FAS übersteuern möchte. In der Diskussion ist es derzeit noch offen, ob ein System ohne Möglichkeit des „Überstimmens" durch den Fahrer eingreifen darf oder sogar muss, wenn eine Kollision aufgrund der Fähigkeiten eines „normalen" Fahrers oder aufgrund physikalischer Gegebenheiten unvermeidlich ist.

Internationale Vereinbarungen

Um ein einheitliches Verständnis über FAS zu erreichen und eine verantwortungsbewusste Entwicklungsmethodik zu etablieren, werden auf EU-Ebene und auch weltweit erhebliche Anstrengungen unternommen. In Europa entstand so die „Neufassung des Europäischen Grundsatzkatalogs zur Mensch-Maschine-Schnittstelle" (ESoP, 2006) . Die darin enthaltenen Empfehlungen sind zwar auf rein informierende Systeme und nicht auf FAS ausgerichtet, formulieren aber Richtlinien, die auch bei der Entwicklung von FAS Hilfestellung geben. Insbesondere präzisieren sie die Verantwortung aller, die bei der Entwicklung, dem Handel und der Nutzung der Systeme beteiligt sind, vom Lieferanten von Kartendaten für ein Navigationssystem über den Händler bis hin zum Endnutzer.

In mehreren öffentlich geförderten Projekten (RESPONSE 3) wurden gemeinsam durch Kfz-Hersteller, Zulieferer, Behörden, Forschungsinstitute und Anwaltskanzleien eine Methodik zur Entwicklung von FAS entwickelt, die die Erkennung und Bewertung von Risiken systematisiert. Insbesondere die Forderung der Kontrollierbarkeit des FAS durch den Fahrer steht im Mittelpunkt. Sie befasst sich mit der normalen Funktion, dem Verhalten an den Grenzen der Funktion und bei Ausfall des FAS.

Auch in der Normung gibt es umfangreiche Aktivitäten, die sich mit übergeordneten Gesichtspunkten des HMI von Informations- und Assistenzsystemen befassen, aber auch mit einzelnen Systemen. In den entstehenden Normen werden Mindestanforderungen festgeschrieben, die sicherstellen sollen, dass die Systeme von einem breiten Spektrum von Fahrern leicht und sicher benutzt werden können. Normen sollen den technischen Fortschritt nicht behindern. Sie definieren deshalb meist nicht, wie ein bestimmtes System gestaltet sein muss (Design Standard) sondern legen fest, welche Leistungen ein bestimmtes System erbringen soll (Performance Standard). Auch eine markenspezifische Gestaltung soll nicht verhindert werden, solange dem Benutzer z. B. beim Wechsel von Fahrzeug zu Fahrzeug dadurch kein Sicherheitsrisiko erwächst. Als historisches Beispiel mag die Gestaltung des Warnblinkschalters dienen, die aus unterschiedlichen Positionen und Formen zu einer nahezu einheitlichen Lösung konvergierte. Jeder Hersteller, der ein gegenüber seinen Wettbewerbern überlegenes Produkt anbieten möchte, wird versuchen, die Forderungen einer Norm zu übertreffen.

Mensch-Maschine-Interaktion bei Fahrerassistenzsystemen

Der Autofahrer muss eine ständig wachsende Flut von Informationen verarbeiten, die vom eigenen und von fremden Fahrzeugen, von der Straße und über Telekommunikationseinrichtungen auf ihn einwirken. Diese Informationen müssen ihm mit geeigneten Anzeigemedien und unter Beachtung ergonomischer Erfordernisse übermittelt werden.

Bis in die 1980er-Jahre bestand die Informationseinheit für den Fahrer aus wenigen Anzeigeelementen. Tachometer mit Kilometerzähler, Tankanzeige und einige Kontrollleuchten informierten über die wichtigsten Betriebszustände des Fahrzeugs. Der zunehmende Einsatz von Informationssystemen (Navigationssysteme, Bordcomputer usw.) im Kraftfahrzeug führte zu einem größeren Angebot an Information und erforderte somit erweiterte Interaktionsmöglichkeiten zwischen Fahrer und elektronischen Systemen.

Beginnend mit der ultraschallbasierten Einparkhilfe Mitte der 1990er-Jahre halten nun weitere sensorbasierte („prädiktive") Fahrerassistenzsysteme für Komfort und Sicherheit Einzug in unsere Fahrzeuge. Die von ihnen erzeugte Information muss in den vorhandenen Anzeigeflächen dargestellt werden.

Interaktionskanäle

Visueller Kanal – Sehen

Der Mensch erkennt seine Umwelt überwiegend mit Hilfe des Sehsinns (Bild 1). Andere Verkehrsteilnehmer, ihre Position, ihr vermutetes Verhalten, die Fahrspur und Objekte im Straßenraum werden mit dem Sehapparat und der dahinter liegenden höchst leistungsfähigen Bildverarbeitung und -interpretation des Menschen entdeckt, ausgewählt und von weiteren Strukturen im Gehirn hinsichtlich ihrer Entwicklung und Relevanz bewertet.

Auch die Infrastruktur im Straßenverkehr fordert vor allem den visuellen Kanal: Verkehrsschilder vermitteln Regeln, Markierungen grenzen Fahrstreifen voneinander ab, Blinker zeigen eine Fahrtrichtungsänderung an, Bremslichter warnen vor verzögernden Fahrzeugen.

Somit ist der visuelle Kanal beim Fahren von großer Bedeutung. Dies gilt für das bewusste Sehen, bei dem der Fahrer seinen Blick Objekten gezielt zuwendet und auf sie fokussiert, aber auch für das periphere Sehen, das für die Positionierung innerhalb des Fahrstreifens wesentlich ist. Deshalb müssen zusätzliche Blicke auf Anzeigen im Fahrzeug während der Überwachung oder Interaktion mit Fahrerinformations- und Fahrerassistenzsystemen

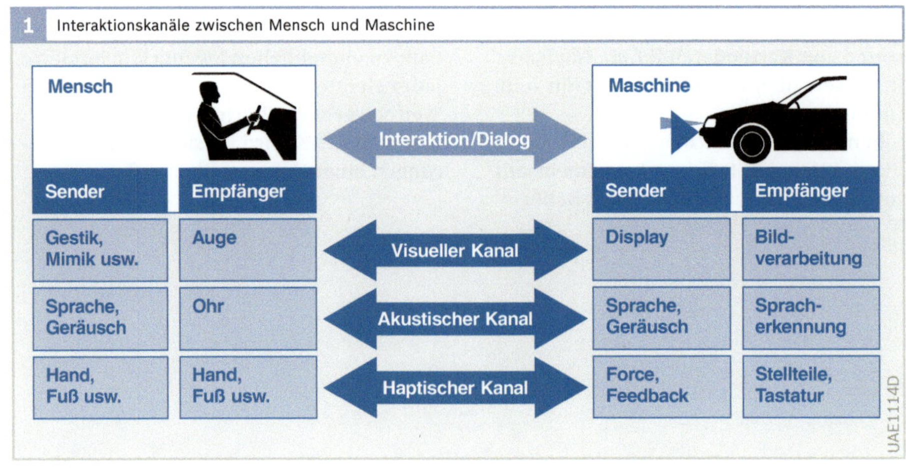

1 Interaktionskanäle zwischen Mensch und Maschine

(FIS/FAS) sorgfältig auf mögliche Auswirkungen auf die Verkehrssicherheit bewertet werden.

Akustischer Kanal – Sprechen und Hören

Für die Kommunikation mit anderen Verkehrsteilnehmern, insbesondere das Anzeigen und Signalisieren von Gefahr, wird beim Menschen und bei Fahrerassistenzsystemen der akustische Kanal genutzt. Dazu gehört die Eingabe von Kommandos über Spracheingabesysteme sowie die Ausgabe von Warnhinweisen und Information vom Fahrerassistenzsystem an den Fahrer mittels Sprachausgabe.

Die Eingabe von Sprachbefehlen erfordert keine Blickzuwendung, bindet aber ebenfalls geistige Kapazität des Fahrers. Hören bedarf keiner Blickzuwendung, kann aber räumliche und komplexe Information (z. B. Beschreibung der Situation an komplexen Kreuzungen) schlecht übermitteln. Auch Fahrer ohne ausreichendes Hörvermögen müssen mit dem Fahrerassistenzsystem kommunizieren können.

Haptischer Kanal – Bedienen und Fühlen

Der haptische Kanal gibt Rückmeldung an den Fahrer bei allen motorischen Bedienvorgängen, beim Bedienen von Schaltern, beim Lenken und Bremsen. In Serie realisiert wurde bereits eine Warnung des Fahrers durch ein kurzes Straffen seines Sicherheitsgurts und durch Vibrieren des Sitzes bei Gefahr des Spurverlassens.

Auch der kinästhetische Kanal, der beim Fahren der Wahrnehmung von Beschleunigungen dient, wird in einem Serienfahrzeug bereits genutzt, um z. B. durch einen kurzen Bremsruck die Aufmerksamkeit des Fahrers herzustellen.

Allerdings wird der haptische Kanal für das Lenken und die Geschwindigkeitsregelung permanent benötigt und zusätzliche manuelle Bedienungen (z. B. Tastaturbedienung des Mobiltelefons) können die Spurführung beeinträchtigen.

Mensch-Maschine-Interface

Informations- und Kommunikationsbereiche

Im Fahrzeug gibt es vier Informations- bzw. Kommunikationsbereiche mit unterschiedlichen Anforderungen an die Eigenschaften der jeweiligen Anzeige:
- das Kombiinstrument,
- die Windschutzscheibe,
- die Mittelkonsole und
- den Fahrzeugfond.

Das verfügbare Informationsangebot und die für den jeweiligen Insassen notwendige, zweckmäßige oder wünschenswerte Information bestimmen ihre Eigenschaften.
- Dynamische Informationen (z. B. Fahrgeschwindigkeit) und Überwachungsinformationen (z. B. Tankanzeige), auf die der Fahrer reagieren soll, stellt das Kombiinstrument möglichst nahe des primären Sichtfelds dar.
- Um eine besonders hohe Aufmerksamkeit zu erregen (z. B. bei Warnungen aus einem Abstandswarnradar oder Wegleithinweise), eignet sich die Darstellung mit Hilfe eines Head-up Displays (HUD), das die Information in die Windschutzscheibe einspiegelt. Eine akustische Ergänzung bildet die Sprachausgabe.
- Statusinformationen oder Bediendialoge mit Aufforderungscharakter (z. B. für Fahrzeugnavigation) werden vorzugsweise im Zentraldisplay in der Mittelkonsole dargestellt. Die Bedieneinheiten sind allerdings nicht unbedingt direkt an diesem Zentraldisplay angeordnet, sie können auch im Mitteltunnel platziert sein.
- Unterhaltende Information gehört, fern vom primären Sichtbereich, in den Fahrzeugfond. Dort ist auch der ideale Ort für das mobile Büro. Die Rückenlehne des Beifahrersitzes ist ein geeigneter Einbauort für Display und Bedienteil eines Laptops.

Kombiinstrumente

Herkömmliche Einzelinstrumente für die optische Ausgabe von Information (z. B. Fahrgeschwindigkeit, Motordrehzahl, Tankfüllstand und Motortemperatur) wurden zunächst durch kostengünstigere Kombiinstrumente (Zusammenfassung mehrerer Informationseinheiten in einem Gehäuse) mit guter Beleuchtung und Entspiegelung verdrängt. Mit der Zeit entstand im vorhandenen Bauraum bei ständigem Informationszuwachs das moderne Kombiinstrument mit mehreren Zeigerinstrumenten und zahlreichen Kontrollleuchten (Bild 2, Pos. 1).

Messwerke

Der überwiegende Anteil der Instrumente arbeitet mit mechanischen Zeigern und Zifferblatt. Heute werden meist Getriebe-Schrittmotoren mit sehr geringer Bautiefe eingesetzt (Bild 3, Pos. 3). Sie erlauben dank kompaktem Magnetkreis und (meist) zweistufigem Getriebe mit nur etwa 100 mW Leistungsaufnahme eine schnelle und sehr präzise Zeigerpositionierung.

Beleuchtung

In Kombiinstrumenten sind LEDs (Leuchtdioden) schon seit geraumer Zeit als Kontroll- und Warnleuchten im Einsatz. Durch die Verfügbarkeit weißer LEDs werden sie neuerdings auch für die Beleuchtung verwendet und verdrängen mehr und mehr die Glühlampen. Skalen, Displays und Zeiger werden über Kunststoff-Lichtleiter in Durchlichttechnik beleuchtet.

Digitale Anzeigen

Die bis in die 1990er-Jahre teilweise eingesetzten Digitalinstrumente (z. B. für Geschwindigkeitsanzeige) mit Informationsdarstellung in Vakuumfluoreszenztechnik (VFD), später in Flüssigkristalltechnik (LCD), sind weitgehend wieder verschwunden. Stattdessen werden konventionelle Zeigerinstrumente in Kombination mit Displays eingesetzt. Dabei nehmen Fläche, Anzahl der Bildpunkte und Farbdarstellung der Displays ständig zu.

Grafikmodule

Die Serienausstattung der Fahrzeuge mit Airbag und Servolenkung hat eine kleinere Durchblicköffnung durch die obere Lenkradhälfte zur Folge. Gleichzeitig wächst die im vorhandenen Einbauraum darzustellende Informationsmenge. Dies erfordert zusätzliche grafikfähige Anzeigemodule, deren Anzeigeflächen beliebige Informationen – flexibel und nach Prioritäten geordnet – darstellen können.

Diese Tendenz führt zur Instrumentierung mit klassischem Zeigerinstrument, aber ergänzt mit einer Grafikanzeige. Auch der Zentralbildschirm befindet sich auf der Höhe des Kombiinstruments (Bild 2, Pos. 3).

Wichtig für alle optischen Darstellungen ist, dass sie im primären Blickfeld des Fahrers oder dessen Nähe leicht ablesbar sind, um kurze Blickabwendungen vom Verkehrsgeschehen sicherzustellen.

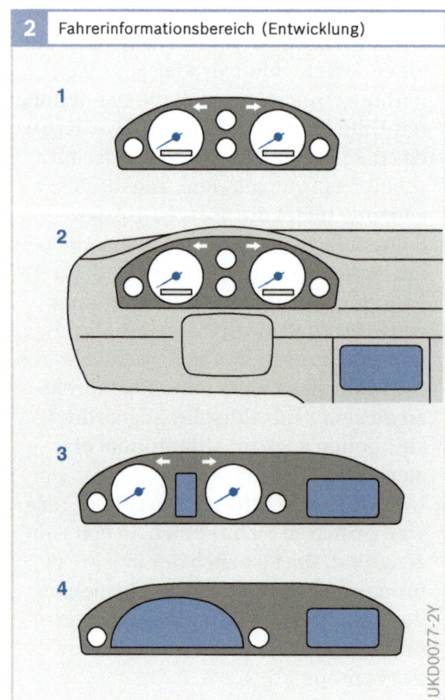

Bild 2

1 Zeigerinstrument
2 Zeigerinstrument mit TN-LCD und separatem AMLCD in Mittelkonsole
3 Zeigerinstrument- mit D-STN-LCD) und integriertem AMLCD
4 freiprogrammier- bares Instrument mit zwei AMLCD- Komponenten

LCD Liquid Crystal Display (Flüssig- kristall-Display)
TN-LCD Twisted-Nematic LCD
AMLCD Aktive Matrix LCD (aktiv adres- sierte LCD)
D-STN-LCD Double Super Twisted Nematic LCD

Die Grafikmodule im Kombiinstrument gestatten vorzugsweise die Darstellung von fahrerrelevanten Funktionen wie z. B. Service-Intervalle, Check-Funktionen über den Betriebszustand des Kfz oder auch Fahrzeugdiagnose für die Werkstatt. Sie können auch Wegleitinformationen aus dem Navigationssystem darstellen (keine digitalisierten Kartenausschnitte, nur Wegleitsymbole wie Pfeile als Abbiegehinweis oder Kreuzungssymbole). Den zunächst monochrom ausgeführten Modulen folgen inzwischen bei höherwertigen Fahrzeugausstattungen auch Farbdisplays (meist in TFT-Technik), deren Ablesegeschwindigkeit und -sicherheit durch die Farbdarstellung höher sind.

Seit 2005 werden auch TFT-Displays (z. B. 8-Zoll-Bildschirm) für die Darstellung analoger Instrumente genutzt. Diese Technik wird die konventionellen Anzeigen aus Kostengründen allerdings nur langsam verdrängen.

Head-up Display (HUD)

Herkömmliche Kombiinstrumente haben einen Betrachtungsabstand von ca. 0,8 m. Zum Ablesen einer Information im Bereich des Kombiinstruments muss der Fahrer seine Augen von Unendlich (Beobachtung der Straßenszene) auf den kurzen Betrachtungsabstand für das Instrument akkomo-

dieren. Dieser Akkomodationsprozess dauert gewöhnlich 0,3...0,5 s.

Seit 1950 werden in der militärischen Luftfahrt Head-up Displays (HUD) eingesetzt. Derartige Anzeigen für Kfz-Anwendungen werden in einfacher Ausführung, meist als digitale Geschwindigkeitsanzeige, seit vielen Jahren in Japan und in den USA als Sonderausstattung angeboten. Inzwischen bieten sie auch einige europäische Hersteller in ihren Fahrzeugen an.

Das Bild des HUD wird über die Windschutzscheibe in das primäre Blickfeld des Fahrers eingespiegelt. Das optische System des HUD erzeugt ein virtuelles Bild in einem so großen Betrachtungsabstand, dass das menschliche Auge auf unendlich akkomodiert bleiben kann. HUDs erfordern keine Blickabwendung von der Fahrbahn – somit können sicherheitskritische Entwicklungen der Fahrsituation jederzeit wahrgenommen werden. Blicke auf den Tacho entfallen, wenn die Geschwindigkeit oder andere wichtige Information ebenfalls im HUD dargestellt werden.

Aufbau

Ein typisches HUD enthält ein Anzeigemodul (Bild. 4, Pos. 3) mit Ansteuerung zur Bilderzeugung (5), eine Beleuchtung, eine Abbildungsoptik (4) und einen Combiner (2, i. Allg. die Windschutzscheibe, eventu-

---

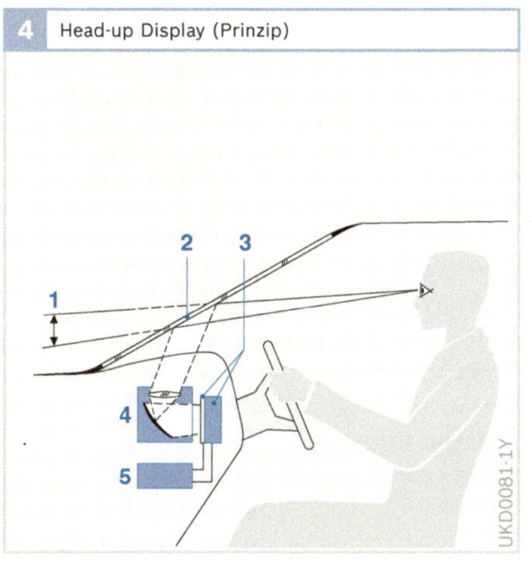

3 Kombiinstrument (Aufbau)

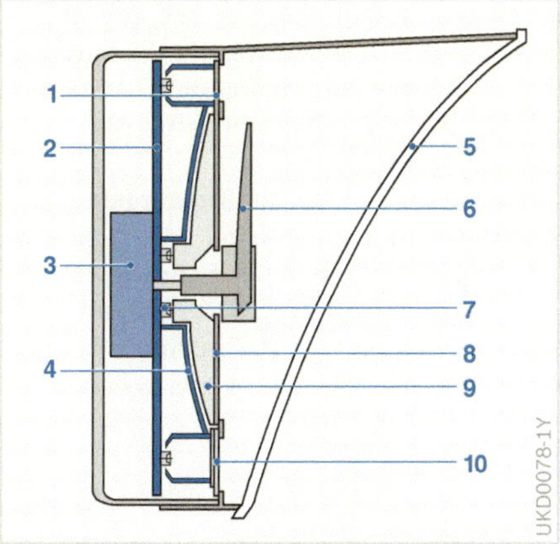

1
2 — 5
— 6
3 — 7
— 8
4 — 9
— 10

UKD0078-1Y

4 Head-up Display (Prinzip)

2 3
1
4
5

UKD0081-1Y

Bild 3

1 Kontrollleuchte
2 Leiterplatte
3 Schrittmotor
4 Reflektor
5 Deckscheibe
6 Zeiger
7 LED
8 Zifferblatt
9 Lichtleiter
10 LCD

Bild 4

1 Virtuelles Bild
2 Reflexion in Windschutzscheibe
3 Anzeigemodul, LCD und Beleuchtung (oder CRT, VFD)
4 optisches System
5 Elektronik

ell versehen mit einer reflexionserhöhenden Schicht), an dem das Bild in das Auge des Betrachters reflektiert wird. Zur Vermeidung von Doppelbildern – verursacht durch Reflexionen an der inneren und äußeren Grenzfläche der geneigten Windschutzscheibe – wird die Scheibe (genauer: die Kunststofffolie des Sicherheitsglases) leicht keilförmig ausgeführt. Aus Fahrersicht decken sich dann die beiden an den Grenzflächen entstehenden Bilder.

Im Anzeigemodul wird ein reelles Zwischenbild erzeugt. Dieses Modul kann ein optisches Display sein oder eine Rückprojektion auf eine Streufläche mittels eines scannenden Laserstrahls. Das reelle Zwischenbild wird über den Combiner bzw. die Windschutzscheibe in das Fahrerauge reflektiert. Für den Fahrer überlagert sich das Bild der Fahrszene vor dem Fahrzeug. Im Strahlengang können optische Elemente (Linsen, Hohlspiegel) untergebracht sein, die den Abstand des Bildes vergrößern.

Als Display für monochrome HUD mit geringem Informationsgehalt können VFD (Vakuumfluoreszenzdisplays, meist grün) oder besonders kontrastreiche Segment-TN-LCD eingesetzt werden. Für höherwertige – auch farbige – Anzeigen werden TFT in Polysilizium-Technik verwendet.

Darstellung der HUD-Information

Das virtuelle Bild soll die Straßenszene nicht überdecken; es wird deshalb in einer Region mit niedrigem Informationsgehalt dargestellt, nämlich „über der Motorhaube schwebend" (Bild 5). Um eine Reizüberflutung im primären Blickfeld zu vermeiden, darf das HUD nicht mit Information überladen werden und ist daher kein Ersatz für das konventionelle Kombiinstrument. Seine Darstellung eignet sich aber sehr gut für sicherheitsrelevante Informationen wie Warnanzeigen oder die Anzeige des Sicherheitsabstands.

Projektionssysteme ermöglichen einen größeren Blickwinkel und damit einen Schritt in Richtung kontaktanaloger Darstellung – also z. B. die Warnung vor einem Hindernis unter dem Blickwinkel, unter dem der Fahrer auch das Hindernis sehen würde.

Zentrale Anzeige- und Bedieneinheit in der Mittelkonsole

Mit den Navigations- und Fahrerinformationssystemen etablierten sich auch Bildschirm und Tastatur in der Mittelkonsole. Solche Systeme vereinen alle Zusatzinformation aus Funktionseinheiten und Informationskomponenten in einer zentralen Anzeige- und Bedieneinheit. Beispiele hierfür sind

▶ Mobiltelefon,
▶ Autoradio/CD,
▶ Bedienelemente für Heizung/Klimatisierung,
▶ automatische Einparkfunktion
▶ und – wichtig für Japan – die Funktion *Fernsehen*.

Die Komponenten sind untereinander vernetzt und dialogfähig.

Die Anordnung dieses für Fahrer und Beifahrer universell nutzbaren Terminals in der Mittelkonsole ist aus ergonomischer und technischer Sicht zweckmäßig und notwendig, um die Ablenkung zu verringern. Die optische Information erscheint auf einer grafikfähigen Anzeige. Die Anforderungen der Fernsehwiedergabe und des Navigationssystems an die Bild-/Landkartendarstellung bestimmen deren Auflösung und Farbwiedergabe.

Beim zentralen Bildschirm mit integriertem Informationssystem geht die Tendenz vom Bildschirm mit einem Seitenverhältnis 4:3 zu einem breiteren Format mit Seitenverhältnis 16:9, das neben der Landkarte noch die Darstellung zusätzlicher Wegleitsymbole zulässt.

Aspekte von Warnmeldungen

Viele Informations- und Assistenzsysteme informieren den Fahrer über anormale oder gefährliche Zustände des Autos oder des Umfeldes. Warnungen sollen dem Fahrer idealerweise nur die Information vermitteln, die er nicht schon besitzt. Sie sollen ihn dazu veranlassen, bestimmte Aktionen vorzunehmen oder zu unterlassen. Eine Warnung kann die einfache Anzeige eines Zustandes sein, bis hin zu der Aufforderung, eine bestimmte Handlung vorzunehmen; dann erfordert sie eine schnelle und richtige Reaktion des Fahrers. Man muss deshalb wissen, wie der Fahrer in einer bestimmten Situation auch ohne Warnung reagiert, um die Wirkung einer Warnung einschätzen zu können.

Gestaltung von Warnungen

Mit zunehmender Anzahl von Systemen steigt die Zahl der möglichen unterschiedlichen Warnungen. Diese müssen einzeln definiert, aber auch aufeinander abgestimmt werden.

5 Informationsdarstellung im Head-up Display (Beispiel)

Warnungen sollen die Situation, auf die sie sich beziehen, repräsentieren. Sie müssen meist zwei Aufgaben erfüllen: sie sollen Aufmerksamkeit erregen und sie sollen informieren. Eine akustische Warnung mag in hohem Maße auffällig sein, vermittelt aber möglicherweise keinerlei Information – außer dem Hinweis, dass irgendetwas nicht in Ordnung ist. Umgekehrt mag eine Textmeldung viel Information enthalten, aber völlig unauffällig gestaltet sein, oder sie soll in gefährlichen Situationen wegen der Ablenkungsgefahr nicht abgelesen werden.

Eine gut gestaltete Warnung sollte folgendes enthalten:
▸ Ein Element, das die Aufmerksamkeit erregt,
▸ den Grund für die Warnung,
▸ die Folgen, die bei Nichtbeachten entstehen,
▸ Anweisungen, was zu tun ist.

Von Fehlwarnungen spricht man,
▸ wenn in einer kritischen Situation die Warnung unterbleibt,
▸ wenn in einer nicht kritischen Situation gewarnt wird,
▸ wenn zu früh oder zu spät gewarnt wird,
▸ wenn die Warnung zu heftig oder zu sanft erfolgt.

Der Fahrer wiederum kann den Eindruck erhalten,
▸ dass das System nicht so reagiert, wie es der Situation gemäß sein sollte,
▸ dass das System wesentliche Information nicht berücksichtigt oder andere Ziele verfolgt und
▸ dass er seiner eigenen Einschätzung mehr vertrauen kann als dem Warnsystem.

Oft wird eine Warnung aus einzelnen Zeichen zusammengesetzt. Es muss entschieden werden, ob ein akustisches Zeichen oder ein sprachlicher Hinweis verwendet wird, ob optische Zeichen eingesetzt werden oder ein haptisch/kinästhetisches

Bild 5
1 Momentane Geschwindigkeit
2 vom Fahrer eingestellte Sollgeschwindigkeit
3 ACC-Information: Abstand, Regelung zum vorderen Fahrzeug

- wie z. B. ein kurzer Ruck durch eine Bremsung oder durch Straffziehen des Sicherheitsgurtes. Weiterhin müssen die einzelnen Zeichen gestaltet werden, z. B. bei einem akustischen Zeichen seine Art, Dauer, Frequenz und Lautstärke. Auch die Richtung, aus der das akustische Zeichen auf den Fahrer einwirkt, ist festzulegen. Bei einem optischen Zeichen sind Form, Größe, Farbe, Ort und zeitlicher Verlauf der Darbietung zu entscheiden. Bei der Gestaltung ist die zeitliche Abfolge der einzelnen Zeichen ebenfalls zu definieren.

Zeitkritische, dringende Warnungen werden besser durch akustische Zeichen - wie z. B. eine Hupe - übermittelt. Optische Zeichen sind im Allgemeinen weniger auffällig und deshalb besonders geeignet für eine Vorwarnung zu einem Zeitpunkt, zu dem eine kritische Situation noch nicht mit Sicherheit erkannt werden kann. Mit optischen Zeichen kann man dem Fahrer auch räumliche Beziehungen übermitteln.

Die Gestaltung von Warnungen für einzelne Fahrerinformations- und Fahrerassistenzsysteme ist derzeit ein wichtiges Forschungsfeld und auch bereits Gegenstand von Normungsaktivitäten.

Zeitpunkt einer Warnung

Um dem Fahrer genügend Zeit für die Entschärfung einer sich anbahnenden kritischen Situation zu geben, soll ihn ein Warnsystem möglichst frühzeitig warnen. Zu diesem Zeitpunkt ist das Fahrerassistenzsystem aufgrund der Sensorreichweite oder räumlichen Auflösung möglicherweise noch unsicher in seiner Entscheidung, ob wirklich bereits eine kritische Situation vorliegt oder zu erwarten ist. Möglicherweise hat der Fahrer aber bereits die Gefahr erkannt und wird selbst entsprechende Aktionen einleiten. Somit besteht die Gefahr, dass man häufig unbegründet warnt und dabei den Fahrer stört, sodass er das System möglicherweise nicht akzeptiert und abschaltet.

Wartet das System andererseits mit der Ausgabe einer Warnung solange, bis eine absolut sichere Erkennung einer kritischen Situation vorliegt, kann dies für einen erfolgreichen Eingriff des Fahrers, insbesondere wenn er unaufmerksam war, zu spät sein.

Beispiel: Side Crash Warning

Am Beispiel eines Systems, das den Fahrer vor einer drohenden Seitenkollision bewahren soll, werden im Folgenden mögliche Lösungsansätze dargestellt.

Die Warnung wird aus einzelnen Zeichen mehrstufig zusammengesetzt. Der Zeitpunkt eines einzelnen Zeichens bezieht sich auf den Zeitpunkt, zu dem das eigene Fahrzeug und das gegnerische Fahrzeug aufeinander treffen würden, wenn beide ihre Geschwindigkeit und ihren Kurs beibehalten würden.

Fünf Sekunden vor dieser Kollision wird ein optisches Signal ausgelöst, z. B. ein orangefarbenes Dauerlicht in Form eines Dreiecks in einem Display, das im Sichtbereich des Fahrers zentral angeordnet ist. Dies könnte das Kombiinstrument sein, eine Anzeige in der Instrumententafel oder ein Head-up Display.

3,5 Sekunden vor der Kollision hört der Fahrer im Fahrzeuginnenraum einen Warnton, der einer Hupe gleicht; das Warnlicht erscheint weiterhin.

2,5 Sekunden vor der Kollision wird das Warnlicht auffällig blinken, der Hupton pulsiert und auch andere Verkehrsteilnehmer außerhalb des eigenen Fahrzeugs werden durch zusätzliches Betätigen der Fahrzeughupe gewarnt.

Falls der Fahrer weiterhin keine angemessene Reaktion zeigt, kann 1,6 Sekunden vor einer möglichen Kollision eine automatische Teilbremsung einsetzen.

Entwicklungen für das HMI künftiger FAS/FIS

In künftigen Fahrzeugen wird es eine Vielfalt von Fahrerassistenz- (FAS) und Fahrerinformationssystemen (FIS) geben, die miteinander vernetzt sind. Sie werden Sensorsignale gemeinsam nutzen und auch die Interaktion mit dem Fahrer und anderen Nutzern im Kfz wird einheitlich gestaltet sein. Das heißt z. B., dass Informationen und Warnungen an den Fahrer die gleiche visuelle und sprachliche Struktur besitzen werden. Ihre Ausgabe wird gemäß ihrer Bedeutung priorisiert und eventuelle Einzelmeldungen werden zu sinnvollen Hinweisen zusammengefasst.

Es werden künftig alle Sinneskanäle genutzt – der visuelle, der akustische und der haptische. Die einzelnen Eingabesysteme werden weiterentwickelt, um Leistungsfähigkeit und Robustheit gegenüber den schwierigen Bedingungen im Kfz zu verbessern. Optische Anzeigen müssen auch bei störendem Umgebungslicht gut ablesbar sein; sie werden in eine gut einsehbare Position gerückt, um die Ablesezeit zu verringern. Head-up Displays rücken nahe an das zentrale Blickfeld des Fahrers und sind ablesbar, ohne die Augen von fern auf nah umzustellen.

Weiterentwicklung der Sprachbedienung

Die Nutzung einer sprachlichen Eingabe hat sich als wirkungsvolles Mittel zur Verringerung der visuellen Abwendung des Fahrers bei der Nutzung von Informationssystemen bewährt. Insbesondere die Spurhaltung ist besser als bei einer manuellen Eingabe. Die ersten Systeme konnten eine begrenzte Zahl von Kommandos erkennen, die vom Fahrer gelernt werden mussten. Auch der Dialog mit dem Nutzer folgte nach starren Regeln und einer festgelegten Struktur. Dies ist wenig komfortabel und benötigt viel Zeit bei komplexen Eingaben.

In mehreren Forschungsprojekten gelang es, die Robustheit gegenüber Umgebungsgeräuschen und unterschiedlichen Aussprachen erheblich zu verbessern. Inzwischen verstehen diese Spracheingabesysteme einen großen Wortschatz, z. B. die Namen aller Städte und Straßen eines Landes (für Zieleingabe bei Navigationsgeräten). Weitere Entwicklungsziele sind die Robustheit gegenüber unvollständigen und fehlerhaften Eingaben sowie gegenüber Sprechpausen. Auch Mehrdeutigkeiten sollen diese Eingabesysteme beherrschen. Ziel ist der „virtuelle intelligente Beifahrer", wie er im Projekt VICO gefordert wird (Bild 6).

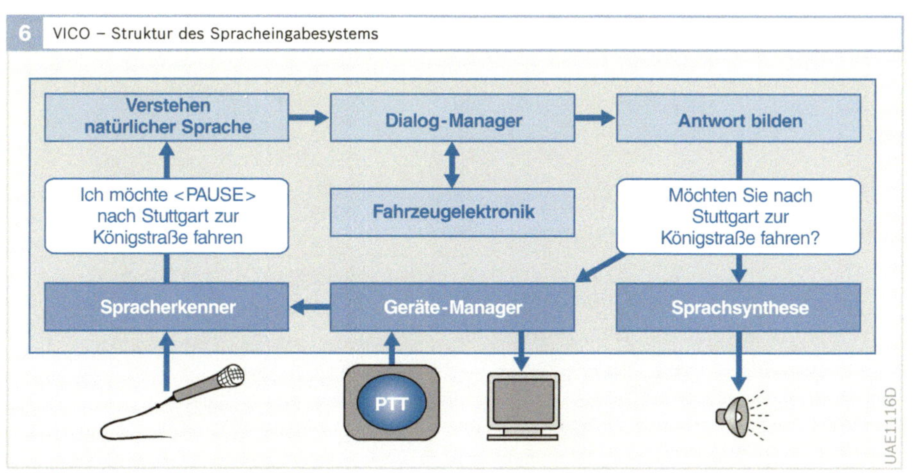

Bild 6
VICO Virtual Intelligent Co-Driver
PTT Push to Talk (Start Eingabe)

Sensoren

Sensoren erfassen Betriebszustände (z. B. Motordrehzahl) und Sollwerte (z. B. Fahrpedalstellung). Sie wandeln physikalische Größen (z. B. Druck) oder chemische Größen (z. B. Abgaskonzentration) in elektrische Signale um.

Einsatz im Kraftfahrzeug

Sensoren und Aktoren bilden die Schnittstelle zwischen dem Fahrzeug mit seinen komplexen Antriebs-, Brems,- Fahrwerk- und Karosseriefunktionen und den elektronischen Steuergeräten als Verarbeitungseinheiten (z. B. Motorsteuerung, ESP, Klimasteuerung). In der Regel bereitet eine Anpassschaltung im Sensor die Signale auf, damit sie vom Steuergerät eingelesen werden können.

Das Gebiet der Mechatronik, bei dem mechanische, elektronische und datenverarbeitende Komponenten eng verknüpft zusammenarbeiten, gewinnt auch bei den Sensoren immer mehr an Bedeutung. Sie werden in Modulen integriert (z. B. Kurbelwellen-Dichtmodul mit Drehzahlsensor).

Sensoren werden immer kleiner. Dabei sollen sie auch schneller und genauer werden, da ihre Ausgangssignale direkt auf Leistung und Drehmoment des Motors, auf die Emissionen, das Fahrverhalten und die Sicherheit des Fahrzeugs Einfluss nehmen. Durch die Mechatronik ist dies möglich.

Signalaufbereitung, Analog-Digital-Wandlung, Selbstkalibrierungsfunktionen und zukünftig ein kleiner Mikrocomputer für weitere Signalverarbeitungen können je nach Integrationsstufe bereits im Sensor integriert sein (Bild 1). Dies hat folgende Vorteile:
- im Steuergerät ist weniger Rechenleistung erforderlich,
- eine einheitliche, flexible und busfähige Schnittstelle für alle Sensoren,
- direkte Mehrfachnutzung eines Sensors über den Datenbus,
- Erfassung kleinerer Messeffekte und
- einfacher Abgleich des Sensors.

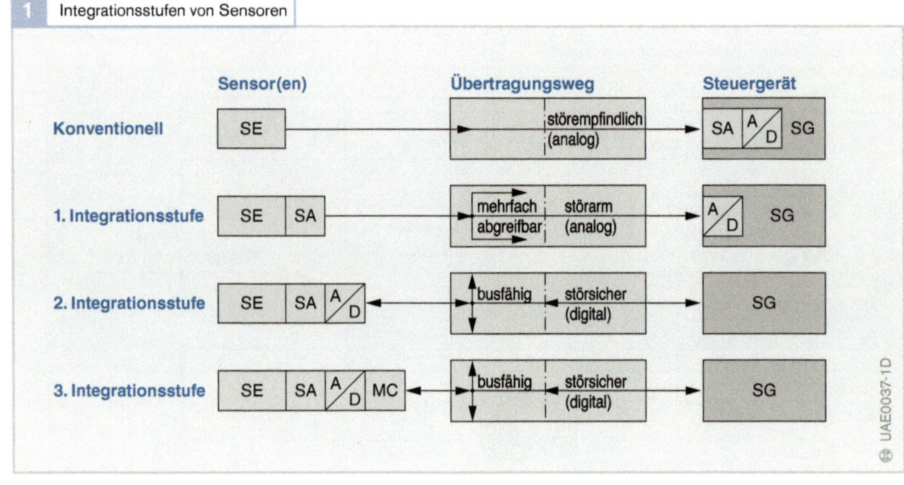

Bild 1
SE Sensor(en)
SA analoge Signalaufbereitung
A/D Analog-Digital-Wandler
SG digitales Steuergerät
MC Mikrocomputer (Auswerteelektronik)

Miniaturen

Die Mikromechanik macht es möglich, Sensorfunktionen auf kleinstem Raum auszuführen. Die typischen mechanischen Dimensionen bewegen sich bis in den Bereich von Mikrometern. Speziell Silizium mit seinen besonderen Eigenschaften hat sich dabei als geeignetes Material zum Herstellen der sehr kleinen, oft filigranen mechanischen Strukturen herausgestellt. Seine Elastizität, kombiniert mit seinen elektrischen Eigenschaften, ist nahezu ideal für die Herstellung von Sensoren. Mit abgewandelten Prozessen der Halbleitertechnik können mechanische und elektronische Funk-

tionen der Sensoren auf einem Chip oder auf andere Weise integriert werden.

1994 ging ein Ansaugdrucksensor zur Lasterfassung im Kfz als erstes Produkt mit einer mikromechanischen Messzelle von Bosch in Serie. Neuere Beispiele für die Miniaturisierung sind mikromechanische Beschleunigungs- und Drehratesensoren in Fahrsicherheitssystemen für den Insassenschutz und die Fahrdynamikregelung. Die untenstehenden Abbildungen veranschaulichen sehr gut die minimalen Größenverhältnisse.

Mikromechanischer Beschleunigungssensor

Schaltung

Kammstruktur im Vergleich zu einem Insekt

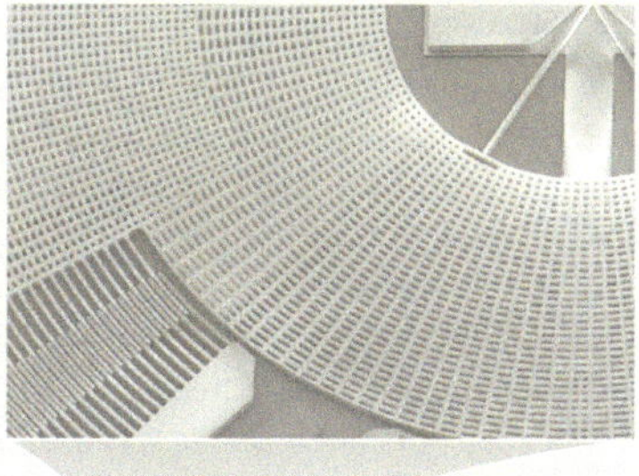

Mikromechanische Drehratesensoren

DRS-MM1 Fahrdynamikregelung

DRS-MM2 Überrollsensierung, Navigation

Raddrehzahlsensoren

Anwendung

Raddrehzahlsensoren dienen dazu, die Drehgeschwindigkeit von Fahrzeugrädern zu ermitteln (Raddrehzahl). Die Drehzahlsignale werden mittels Kabel an das ABS-, ASR- oder ESP-Steuergerät des Fahrzeugs weitergeleitet, das die Bremskraft je Rad individuell regelt. Diese Regelschleife verhindert ein Blockieren (bei ABS) oder Durchdrehen der Räder (bei ASR bzw. ESP) und sichert die Stabilität und Lenkbarkeit des Fahrzeugs.

Navigationssysteme benötigen ebenfalls die Raddrehzahlsignale, um daraus die gefahrene Wegstrecke zu errechnen (z. B. in Tunnels oder wenn keine Satellitensignale zur Verfügung stehen).

Aufbau und Arbeitsweise

Die Signale für den Raddrehzahlsensor werden mittels eines fest mit der Radnabe verbundenen Stahl-Impulsgebers (für passive Sensoren) oder Multipol-Magnetimpulsgebers (für aktive Sensoren) erzeugt. Dieser Impulsgeber weist die gleiche Umdrehungsgeschwindigkeit wie das Rad auf und bewegt sich berührungslos am sensitiven Bereich des Sensorkopfes vorbei. Der Sensor „liest" somit ohne direkten Kontakt über einen Luftspalt von bis zu 2 mm (Bild 2).

Der Luftspalt (mit engen Toleranzen) dient dazu, eine störungsfreie Signalerfassung zu gewährleisten. Mögliche Störungen wie z. B. Schwingungen im Bereich der Radbremse, Vibrationen, Temperatur, Feuchte, Einbauverhältnisse am Rad usw. werden dadurch eliminiert.

Seit 1998 werden statt den passiven (induktiven) Raddrehzahlsensoren bei Neuentwicklungen fast nur noch aktive Raddrehzahlsensoren eingesetzt.

Passiver (induktiver) Drehzahlsensor

Ein passiver (induktiver) Drehzahlsensor besteht aus einem Permanentmagneten (Bild 2, Pos. 1) und einem damit verbundenen weichmagnetischen Polstift (3), der in einer Spule (2) mit mehreren tausend Drahtwindungen steckt. Auf diese Weise wird ein konstantes Magnetfeld erzeugt.

Der Polstift befindet sich direkt über dem Impulsrad (4), einem fest mit der Radnabe verbundenen Zahnrad. Beim Drehen des Impulsrades wird das vorhandene, konstante Magnetfeld durch die ständig wechselnde Folge von Zahn und Lücke „gestört". Dadurch ändert sich der magnetische Fluss durch den Polstift und somit auch der magnetische Fluss durch die Spulenwicklung. Der Wechsel des Magnetfelds induziert in der Wicklung eine Wechselspannung, die an den Wicklungsenden abgegriffen wird.

Sowohl die Frequenz als auch die Amplitude der Wechselspannung sind proportional zur Raddrehzahl (Bild 3). Bei einem stillstehenden Rad ist somit die induzierte Spannung gleich null.

Zahnform, Luftspalt, Steilheit des Spannungsanstiegs und Eingangsempfindlichkeit des Steuergeräts bestimmen die kleinste noch messbare Fahrzeuggeschwindigkeit

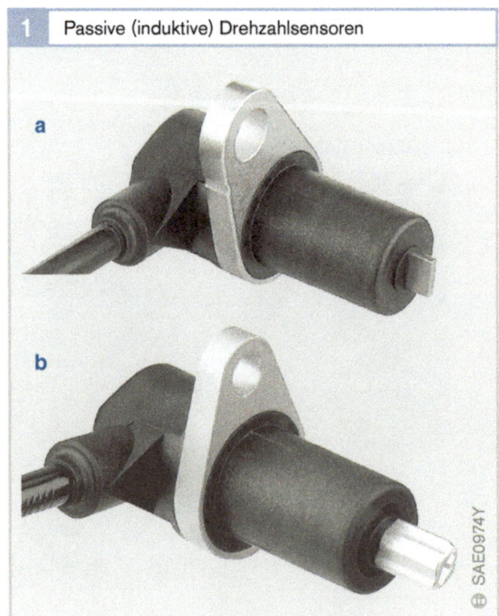

1 Passive (induktive) Drehzahlsensoren

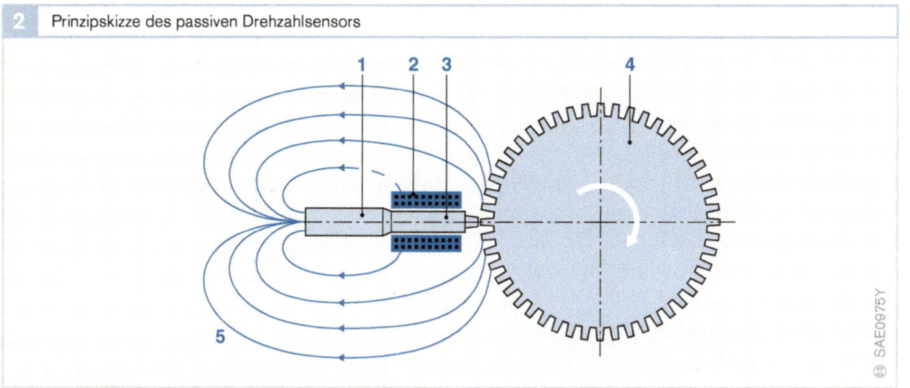

2 Prinzipskizze des passiven Drehzahlsensors

Bild 2
1 Permanentmagnet
2 Magnetspule
3 Polstift
4 Impulsrad aus Stahl
5 magnetische
  Feldlinien

und damit für die ABS-Anwendung minimal erreichbare Ansprechempfindlichkeit und Schaltgeschwindigkeit.

Da die Einbauverhältnisse am Rad nicht überall gleich sind, gibt es verschiedene Polstiftformen und unterschiedliche Einbauarten. Am weitesten verbreitet ist der Meißel-Polstift (Bild 1a, auch Flachpol genannt) und Rauten-Polstift (Bild 1b, auch Kreuzpol genannt). Beide Polstiftarten müssen beim Einbau genau zum Impulsrad ausgerichtet werden.

Aktiver Drehzahlsensor

Sensorelemente

In heutigen, modernen Bremssystemen werden fast ausschließlich nur noch aktive Drehzahlsensoren eingesetzt (Bild 4). Diese bestehen üblicherweise aus einem hermetisch mit Kunststoff vergossenen Silizium-IC, der im Sensorkopf sitzt.

Neben magnetoresistiven ICs (Änderung des elektrischen Widerstands bei Magnetfeldänderung) werden mittlerweile bei Bosch in der Mehrzahl nur noch Hall-Sensorelemente verwendet, die schon auf kleinste Änderungen des magnetischen Feldes reagieren und deshalb größere Luftspalte gegenüber den passiven Drehzahlsensoren zulassen.

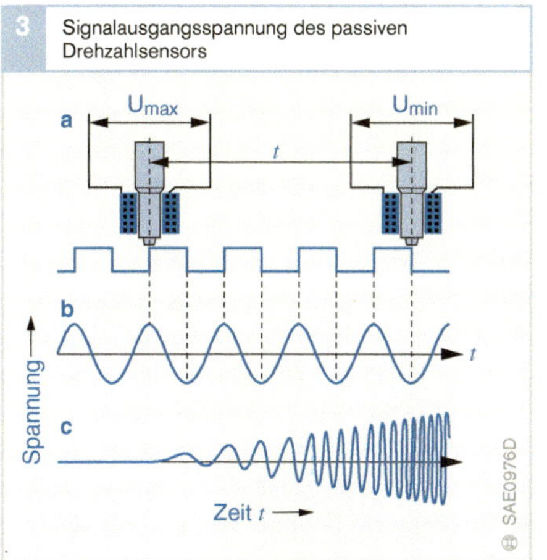

3 Signalausgangsspannung des passiven Drehzahlsensors

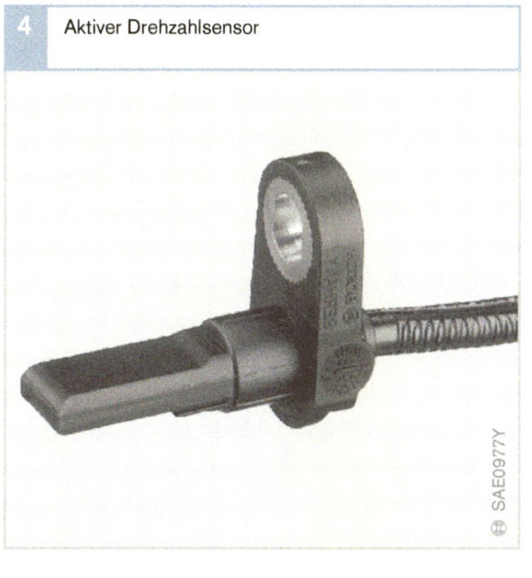

4 Aktiver Drehzahlsensor

Bild 3
a Passiver Drehzahlsensor mit Impulsrad
b Sensorsignal bei konstanter Raddrehzahl
c Sensorsignal bei steigender Raddrehzahl

Impulsräder
Als Impulsrad des aktiven Drehzahlsensors
dient ein Multipolring. Es handelt sich hierbei um wechselweise magnetisierte Kunst-
stoffelemente, die ringförmig auf einem
nichtmagnetischen metallischen Träger
angeordnet sind (Bild 6 und Bild 7a). Diese
Nord- und Südpole übernehmen die Funktion der Zähne des Impulsrads. Der IC
des Sensors ist dem ständig wechselnden
Magnetfeld dieser Magnete ausgesetzt
(Bild 6 und Bild 7a). Deshalb ändert sich
der magnetische Fluss durch den IC beim
Drehen des Multipolrings ständig.

Alternativ zum Multipolring ist auch ein
Stahl-Impulsrad möglich. In diesem Fall
wird auf den Hall-IC ein Magnet aufge-
bracht, der ein konstantes Magnetfeld
erzeugt (Bild 7b). Beim Drehen des Impulsrads wird das vorhandene, konstante
Magnetfeld durch die ständig wechselnde
Folge von Zahn und Lücke „gestört". Mess-
prinzip, Signalverarbeitung und IC sind
ansonsten identisch wie beim Sensor ohne
Magnet.

Merkmale
Typisch für den aktiven Drehzahlsensor
ist die Integration von Hall-Messelement,
Signalverstärker und Signalaufbereitung in
einem IC (Bild 8). Die Drehzahlinformation
wird als eingeprägter Strom in Form von
Rechteckimpulsen übertragen (Bild 9). Die
Frequenz der Stromimpulse ist proportional
zur Raddrehzahl und eine Detektion ist fast
bis zum Radstillstand (0,1 km/h) möglich.
   Die Versorgungsspannung liegt zwischen
4,5 und 20 Volt. Der Rechteck-Ausgangs-
signalpegel liegt bei 7 mA (low) und 14 mA
(high).

Bild 7

a   Hall-IC mit Multipol-
    Impulsgeber
b   Hall-IC mit Stahl-
    Impulsrad und
    Magnet im Sensor

1   Sensorelement
2   Multipolring
3   Magnet
4   Stahl-Impulsrad

Bild 5

1   Radnabe
2   Kugellager
3   Multipolring
4   Raddrehzahlsensor

Bild 6

1   Sensorelement
2   Multipolring mit
    abwechselnder
    Nord- und Süd-
    magnetisierung

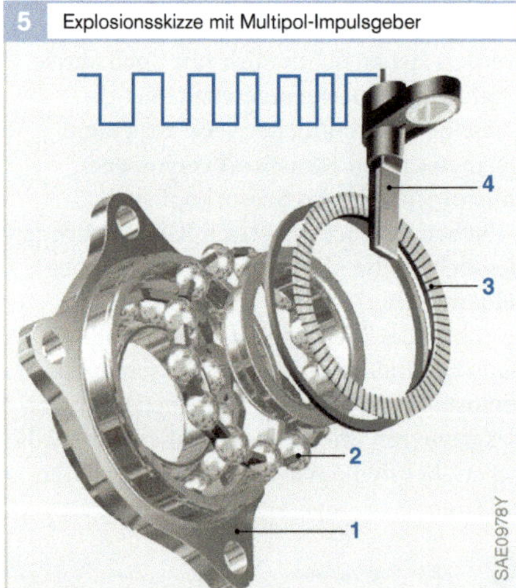

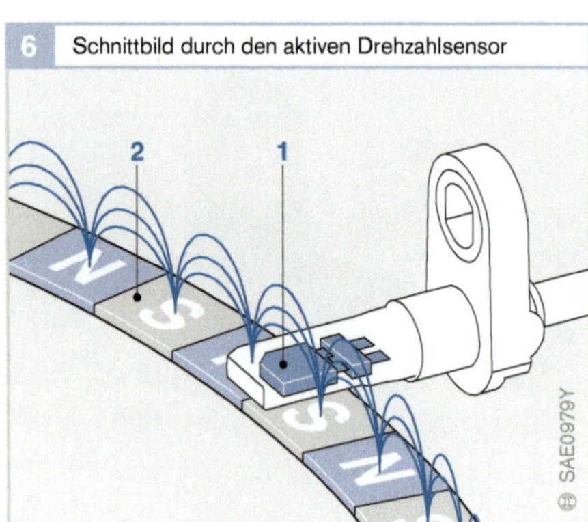

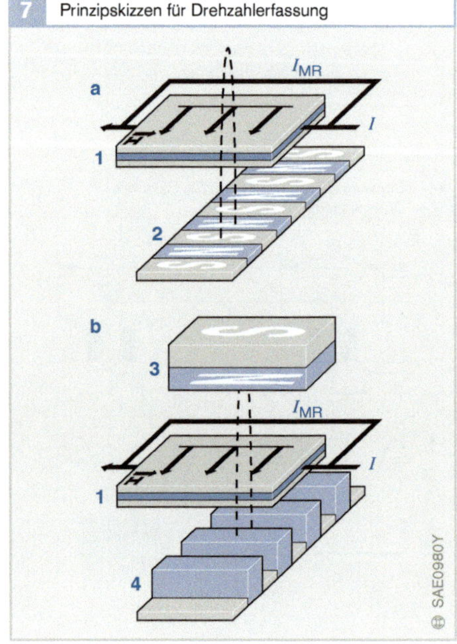

Bei dieser Übertragungsform mit den digitalen Signalen sind z. B. induktive Störspannungen unwirksam im Vergleich zum passiven, induktiven Sensor. Ein zweiadriges Kabel stellt die Verbindung zum Steuergerät her.

Das kleine Bauvolumen und das geringe Gewicht erlauben es, den aktiven Drehzahlsensor am oder im Radlager eines Fahrzeugs einzubauen (Bild 10). Hierzu sind verschiedene Standard-Sensorkopfformen geeignet.

Die digitale Signalaufbereitung ermöglicht es, codierte Zusatzinformationen mittels eines pulsweitenmodulierten Ausgangssignals zu übertragen (Bild 11):

- Drehrichtungserkennung der Räder: Dies wird insbesondere für die Funktion „Hill Hold Control" benötigt, die ein Zurückrollen des Fahrzeugs während des Anfahrens am Berg durch gezieltes Abbremsen verhindert. Die Drehrichtungserkennung wird auch für die Fahrzeugnavigation herangezogen.
- Stillstandserkennung: Auch diese Information kann bei der Funktion „Hill Hold Control" ausgewertet werden. Eine weitere Verwertung der Information liegt in der Eigendiagnose.
- Signalqualität des Sensors: Im Signal kann eine Informationen zur Signalqualität des Sensors übermittelt werden. Dadurch kann der Fahrer im Fehlerfall aufgefordert werden, rechtzeitig den Kundendienst aufzusuchen.

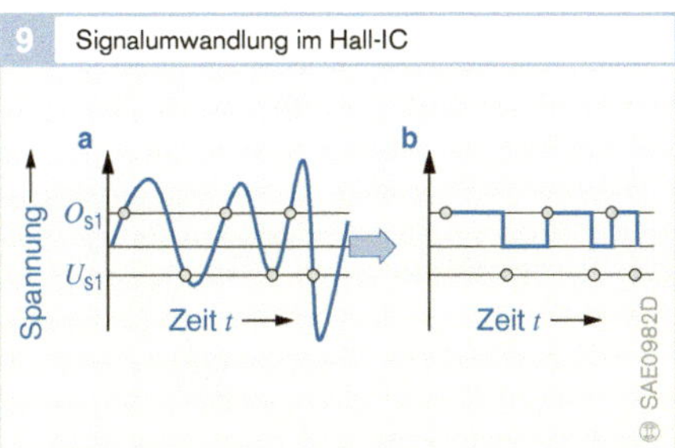

8 Blockschaltbild des Hall-IC

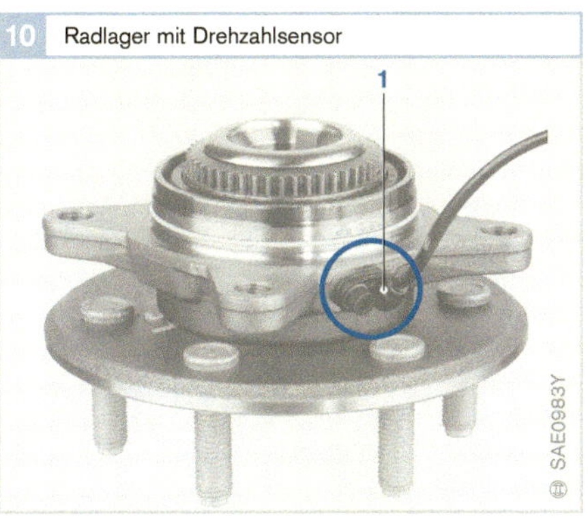

9 Signalumwandlung im Hall-IC

10 Radlager mit Drehzahlsensor

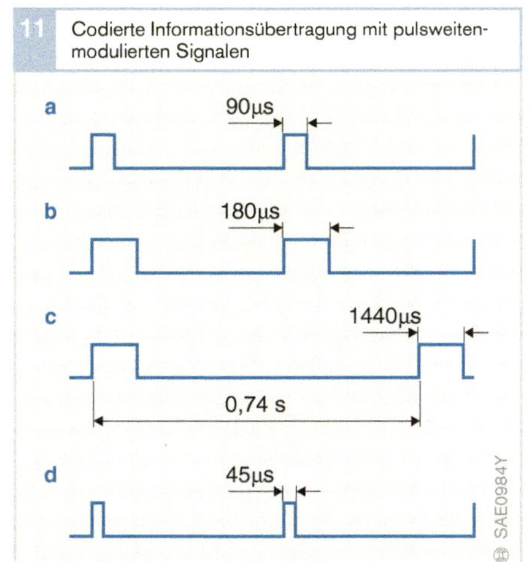

11 Codierte Informationsübertragung mit pulsweitenmodulierten Signalen

Bild 9
a Rohsignal
b Ausgangssignal

O_{S1} Obere Schaltschwelle
U_{S1} Untere Schaltschwelle

Bild 10
1 Drehzahlsensor

Bild 11
a Geschwindigkeitssignal bei Rückwärtsfahrt
b Geschwindigkeitssignal bei Vorwärtsfahrt
c Signal bei Fahrzeugstillstand
d Signalqualität des Sensors, Eigendiagnose

Hall-Beschleunigungs-sensoren

Anwendung

Fahrzeuge mit Antiblockiersystem ABS, Antriebschlupfregelung ASR, Allradantrieb oder auch mit Elektronischem Stabilitäts-Programm ESP verfügen zusätzlich zu den Radsensoren über einen Hall-Beschleunigungssensor zur Messung der Fahrzeuglängs- und Fahrzeugquerbeschleunigungen (je nach Einbaulage, bezogen auf die Fahrtrichtung).

Aufbau

Im Hall-Beschleunigungssensor kommt ein „elastisch" befestigtes Feder-Masse-System zur Anwendung (Bilder 1 und 2).

Es besteht aus einer hochkant gestellten bandförmigen Feder (3), die an einem Ende fest eingespannt ist. An ihrem freien Ende ist ein Dauermagnet (2) als seismische Masse aufgesetzt. Über dem Dauermagnet befindet sich der eigentliche Hall-Sensor (1) mit der Auswerteelektronik. Unter dem Magnet sitzt eine kleine Dämpferplatte (4) aus Kupfer.

Arbeitsweise

Unterliegt der Sensor einer quer zur Feder wirkenden Beschleunigung, so verändert das Feder-Masse-System seine Ruhelage. Die Auslenkung ist ein Maß für die Beschleunigung. Der vom bewegten Magneten ausgehende magnetische Fluss F erzeugt im Hall-Sensor die Hall-Spannung U_H. Die daraus abgeleitete Ausgangsspannung U_A der Auswerteelektronik steigt linear mit der Beschleunigung an (Bild 3, Messbereich ca. 1 g).

Der Sensor ist für eine geringe Bandbreite von einigen Hz ausgelegt und ist elektrodynamisch gedämpft.

Bild 1

a Elektronik
b Feder-Masse-System
1 Hall-Sensor
2 Dauermagnet
3 Feder

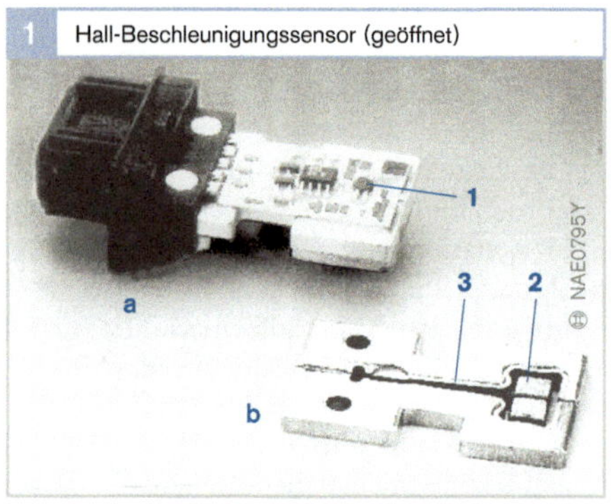

1 Hall-Beschleunigungssensor (geöffnet)

Bild 2

1 Hall-Sensor
2 Dauermagnet
3 Feder
4 Dämpferplatte
I_W Wirbelstrom (Dämpfung)
U_H Hall-Spannung
U_0 Versorgungsspannung
Φ magnetischer Fluss
a aufgenommene (Quer-)Beschleunigung

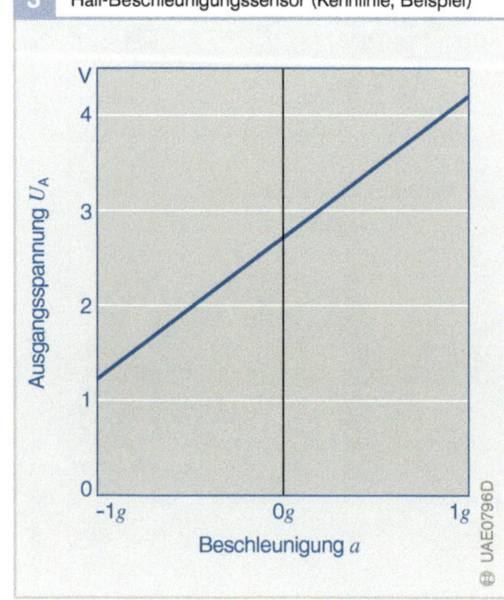

2 Hall-Beschleunigungssensor (Schema)

3 Hall-Beschleunigungssensor (Kennlinie, Beispiel)

Ein wichtiger Bestandteil der Entwicklung von Fahzeugsystemen ist die Praxiserprobung bereits beim Systemzulieferer. Nicht alle Erprobungen lassen sich auf öffentlichen Straßen durchführen. Seit 1998 wird das Prüfzentrum von Bosch bei Boxberg zwischen Heilbronn und Würzburg (Süddeutschland) für diesen Teil der Entwicklung genutzt. Hier werden auf 92 ha die verschiedensten Fahr-, Sicherheits- und Komfortsysteme mit ihren Komponenten auf Herz und Nieren getestet. Auf sieben verschiedenen Streckenmodulen werden Systeme in allen Fahrsituationen bis an die physikalischen Grenzen betrieben – und das bei größtmöglicher Sicherheit für Testfahrer und Fahrzeuge.

Die **Schlechtwegstrecken** (1) sind für Geschwindigkeiten bis zu 50 km/h, beziehungsweise bis zu 100 km/h ausgelegt. Folgende Strecken sind verfügbar:
- Schlaglöcher,
- Waschbrett,
- Rüttelstrecke,
- Belgisches Pflaster und
- Strecken mit unterschiedlicher Unebenheit.

Die asphaltierten **Steigungsstrecken** (2) für Anfahr- und Beschleunigungstests am Berg, mit Steigungen von 5 %, 10 %, 15 % und 20 %, enthalten bewässerbare Fliesenstreifen unterschiedlicher Breite.

Zwei **Wasserdurchfahrten** (3) mit 100 m bzw. 30 m Länge und 0,3 m bzw. 1 m Tiefe stehen zur Verfügung.

Bewässerte Sonderstrecken (4) sind mit folgenden Fahrbahnbelägen vorhanden:
- Schachbrett (Asphalt, Fliesen),
- Asphalt,
- Fliesen,
- Blaubasalt,
- Beton sowie
- Aquaplaningstrecke und
- trapezförmige Blaubasaltstrecke.

Die **Fahrdynamikfläche** (5) für Kurvenfahrten hat eine asphaltierte Oberfläche mit 300 m Durchmesser. Sie kann zum Simulieren von Eis- oder Wasserglätte teilweise bewässert werden. Die Fläche ist von einer Sicherheitsbarriere aus Reifen umgeben, um Fahrer und Fahrzeuge zu schützen.

Das **Hochgeschwindigkeitsoval** (6) hat drei Fahrbahnen und kann sowohl von Pkw als auch von Nkw genutzt werden. Die Strecke ist so ausgelegt, dass Geschwindigkeiten bis 200 km/h gefahren werden können.

Der **Handlingparcours** (9) umfasst zwei Strecken: eine Strecke für Geschwindigkeiten bis 50 km/h, die andere bis zu 80 km/h. Beide Strecken beinhalten Kurven mit unterschiedlich starken Radien und Neigungen. Der Handlingparcours wird hauptsächlich für die Erprobung von Fahrdynamiksystemen benutzt.

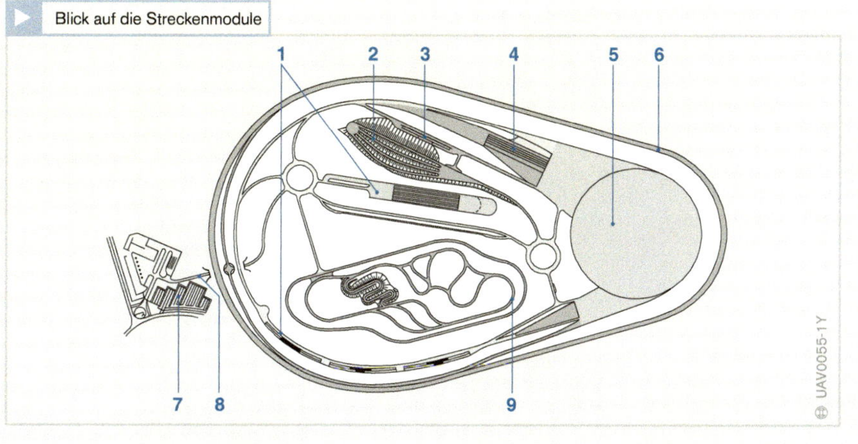

Bild 1

1 Schlechtwegstrecken
2 Steigungsstrecken
3 Wasserdurchfahrten
4 bewässerte Sonderstrecken
5 Fahrdynamikfläche
6 Hochgeschwindigkeitsoval
7 Gebäude
– Werkstätten
– Büros
– Prüfstände
– Labors
– Tankstelle und
– Sozialräume
8 Zufahrt
9 Handlingparcours

Mikromechanische Drehratesensoren

Anwendung

Mikromechanische Siliziumdrehrate- bzw. Giergeschwindigkeitssensoren (auch Gyrometer genannt) erfassen in Fahrzeugen mit Elektronischem Stabilitäts-Programm ESP zur Fahrdynamikregelung die Drehbewegungen eines Fahrzeugs um seine Hochachse, z. B. bei gewöhnlichen Kurvenfahrten, aber auch beim Ausbrechen oder Schleudern.

Diese Sensoren sind dabei, als kostengünstige, kompakt bauende Sensoren die bisher üblichen feinmechanischen Sensoren abzulösen.

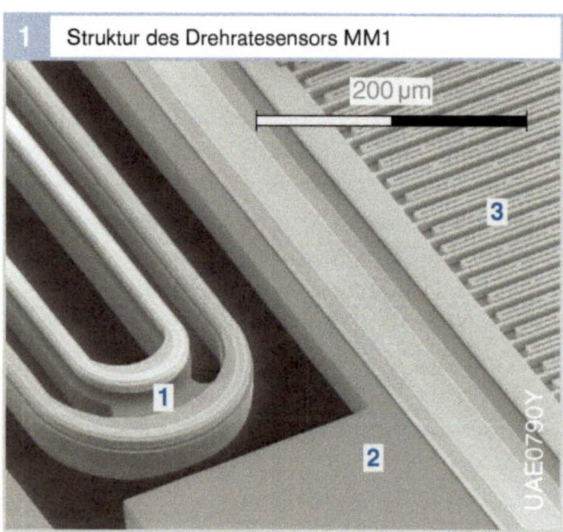

Bild 1

1 Halte-/Führungs-
 feder
2 Teil des Schwing-
 körpers
3 Coriolis-Beschleuni-
 gungssensor

Bild 2

1 Frequenzbestim-
 mende Koppelfeder
2 Dauermagnet
3 Schwingrichtung
4 Schwingkörper
5 Coriolis-Beschleuni-
 gungssensor
6 Richtung der Corio-
 lis-Beschleunigung
7 Halte-/Führungs-
 feder

Ω Drehrate
υ Schwinggeschwindigkeit
B dauermagnetisches
 Feld

Aufbau und Arbeitsweise

Mikromechanischer Drehratesensor MM1
Zur Erzielung der für Fahrdynamiksysteme erforderlichen hohen Genauigkeit wird eine Mischtechnologie eingesetzt: zwei dickere, mittels Bulk-Mikromechanik aus einem Wafer herausgearbeitete Masseplatten schwingen im Gegentakt in ihrer Resonanzfrequenz, die durch ihre Masse und ihre Koppelfedersteife bestimmt ist (>2 kHz). Sie tragen jede einen oberflächenmikromechanischen, kapazitiven Beschleunigungssensor kleinster Abmessung, der Coriolis-Beschleunigungen in der Waferebene senkrecht zur Schwingrichtung erfassen kann, wenn sich der Sensorchip mit der Drehrate Ω um seine Hochachse dreht (Bilder 1 und 2). Sie sind proportional zum Produkt aus der Drehrate und der elektronisch auf einen konstanten Wert geregelten Schwinggeschwindigkeit.

Zum Antrieb dient eine einfache, Strom führende Leiterbahn auf der jeweiligen Schwingplatte, die in einem dauermagnetischen Feld B senkrecht zur Chipfläche eine Lorentz-Kraft erfährt. Mittels eines ebenso einfachen, Chipfläche sparenden Leiters wird mit dem gleichen Magnetfeld auf induktive Weise direkt die Schwinggeschwindigkeit gemessen. Die unterschiedliche physikalische Natur von Antriebs- und Sensorsystem vermeidet unerwünschtes

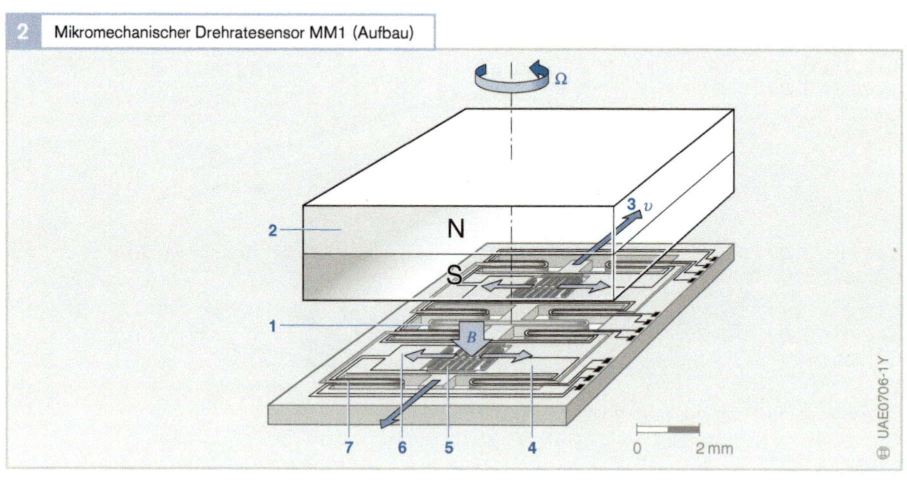

Übersprechen zwischen beiden Teilen. Die beiden gegenläufigen Sensorsignale werden zur Unterdrückung externer Fremdbeschleunigungen (Gleichtaktsignal) voneinander subtrahiert (durch Summenbildung kann man jedoch auf vorteilhafte Weise auch die äußere Fremdbeschleunigung messen). Der präzise mikromechanische Aufbau hilft, den Einfluss hoher Schwingbeschleunigung gegenüber der um mehrere Zehnerpotenzen niedrigeren Coriolis-Beschleunigung zu unterdrücken (Querempfindlichkeit weit unter 40 dB). Antriebs- und Messsystem sind hier mechanisch und elektrisch strengstens entkoppelt.

Mikromechanischer Drehratesensor MM2

Wird der Si-Drehratesensor ganz in Oberflächenmikromechanik (OMM) hergestellt und gleichzeitig das magnetische Antriebs- und Regelsystem durch ein elektrostatisches ersetzt, so lässt sich die Entkopplung von Antriebs- und Messsystem weniger konsequent verwirklichen: Ein zentral gelagerter Drehschwinger wird von Kammstrukturen (Bilder 3 und 4) elektrostatisch zu einer Schwingung angetrieben, deren Amplitude mithilfe eines gleichartigen, kapazitiven Abgriffs konstant geregelt wird. Coriolis-Kräfte erzwingen eine gleichzeitige „out-of-plane"-Kippbewegung, deren Amplitude zur Drehrate Ω proportional ist und die von den

unter dem Schwinger liegenden Elektroden kapazitiv detektiert wird. Um diese Bewegung nicht zu sehr zu bedämpfen, muss der Sensor in Vakuum betrieben werden. Zwar führt die geringere Chipgröße und der einfachere Herstellprozess zu einer deutlichen Kostenreduktion, doch verringert die Verkleinerung auch den ohnehin nicht großen Messeffekt und damit die erzielbare Genauigkeit. Sie stellt höhere Anforderungen an die Elektronik. Der Einfluss von seitlichen Fremdbeschleunigungen ist hier durch Lagerung in der Schwerpunktachse sowie hohe Biegesteifigkeit des Systems gegen Störbeschleunigungen vorteilhafterweise bereits mechanisch unterdrückt.

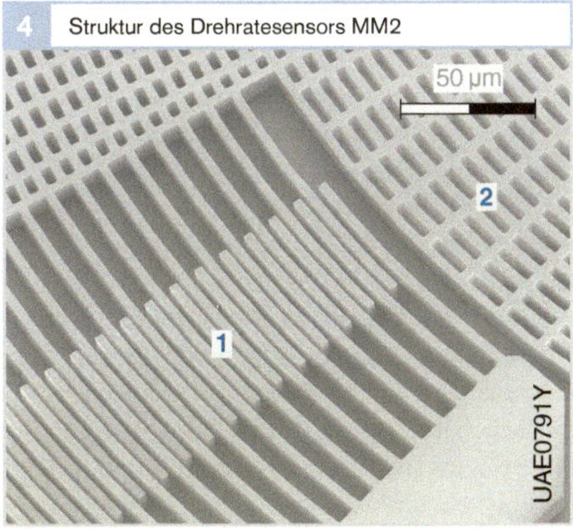

Bild 4
1 Kammstruktur
2 Drehschwinger

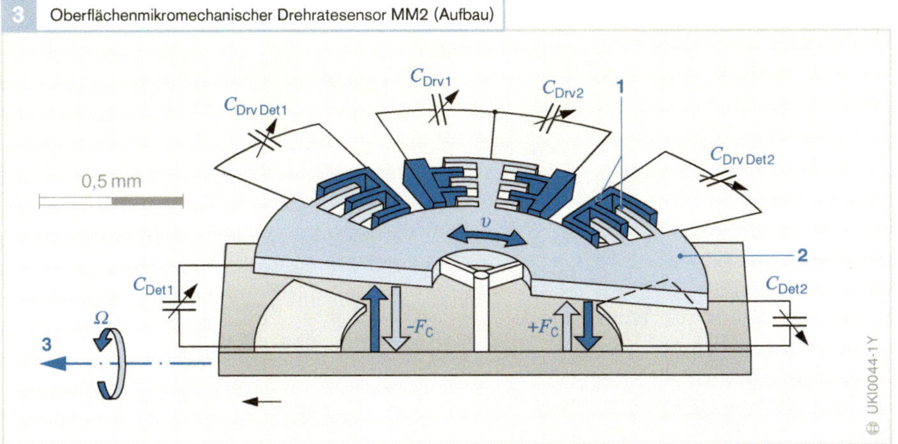

Lenkradwinkelsensoren

Anwendung

Das Elektronische Stabilitäts-Programm (ESP) hat die Aufgabe, das Fahrzeug mit gezielten Bremseingriffen auf dem vom Fahrer vorgegebenen Sollkurs zu halten. Dazu werden in einem Steuergerät der eingestellte Lenkradwinkel und der eingegebene Bremsdruck mit der tatsächlichen Drehbewegung und der Geschwindigkeit des Fahrzeugs verglichen und bei Bedarf einzelne Räder abgebremst. Damit wird der „Schwimmwinkel" (Abweichung zwischen Fahrzeugachse und Fahrzeugbewegung) klein gehalten und ein Ausbrechen bis zum Erreichen der physikalischen Grenzen verhindert.

Zur Erfassung des Lenkradwinkels sind prinzipiell alle Arten von Winkelsensoren geeignet. Um die Sicherheit zu gewährleisten, werden aber Ausführungen benötigt, die entweder auf einfache Art auf Plausibilität geprüft werden können oder die sich idealerweise selbst überprüfen können. Eingesetzt werden Potentiometer, optische Code-Erfassung und magnetische Prinzipien. Bei den meisten verwendeten Sensoren ist allerdings eine ständige Registrierung und Speicherung der aktuellen Umdrehung des Lenkrads erforderlich, da gängige Winkelsensoren maximal 360° messen können, ein Pkw-Lenkrad aber einen Winkelbereich von ±720° (vier Umdrehungen insgesamt) hat.

Aufbau und Arbeitsweise

Abgestimmt auf Bosch-Steuergeräte gibt es zwei absolut messende, magnetische Winkelsensoren, die (im Gegensatz zu inkremental messenden Sensoren) zu jeder Zeit den Lenkradwinkel im gesamten Winkelbereich ausgeben können.

Hall-Lenkradwinkelsensor LWS1

Der Lenkradwinkelsensor LWS1 erfasst mit 14 „Hall-Schranken" den Winkel und die Umdrehung des Lenkrads. Eine Hall-Schranke funktioniert ähnlich wie eine Lichtschranke: ein Hall-Element misst das Feld eines benachbarten Magneten, das

durch eine mit der Lenksäule drehbaren metallischen Codescheibe stark geschwächt oder abgeschirmt werden kann. Auf diese Weise ergibt sich mit neun Hall-IC der Winkel des Lenkrads als digitale Information. Die restlichen fünf Hall-Sensoren registrieren die Umdrehung, die durch eine Getriebeuntersetzung im Verhältnis 4:1 in den eindeutigen 360°-Bereich übertragen wird.

Die Explosionsdarstellung des Lenkradwinkelsensors LWS1 (Bild 1) zeigt oben die neun Magnete, die durch die darunter liegende weichmagnetische Codescheibe je nach Lenkradstellung einzeln abgeschirmt werden. Auf der Leiterplatte direkt darunter befinden sich Hall-Schalter (IC) und ein Mikroprozessor, in dem Plausibilitätstests ablaufen sowie die Winkelinformation dekodiert und für den CAN-Bus aufbereitet wird. Im unteren Bereich folgen das Getriebe und die weiteren fünf Hall-Schranken.

1 Explosionsdarstellung des digitalen Hall-Lenkradwinkelsensors LWS1

Die hohe Zahl von Sensorelementen sowie die erforderliche äquidistante (in gleichen Abständen) und zu den Hall-IC fluchtende Anordnung der Magnete hat zu einer Ablösung des Lenkradwinkelsensors LWS1 durch den LWS3 geführt.

Magnetoresistiver Lenkradwinkelsensor LWS3

Auch der Lenkradwinkelsensor LWS3 arbeitet mit „Anisotrop **m**agnetoresistiven Sensoren" (AMR), deren elektrischer Widerstand sich durch die Richtung eines äußeren Magnetfelds verändert. Die Winkelinformation über einen Bereich von vier vollen Umdrehungen ergibt sich dabei durch das Messen der Winkel zweier Zahnräder, die ein Zahnrad auf der Lenkwelle antreibt. Die beiden Zahnräder haben einen Zahn Differenz, wodurch zu jeder möglichen Stellung des Lenkrades ein eindeutiges Winkelwertepaar gehört.

Durch einen mathematischen Algorithmus (nach bestimmtem Schema ablaufender Rechenvorgang), der als modifiziertes Noniusprinzip bezeichnet wird, kann auf diese Weise der Lenkradwinkel in einem Mikroprozessor berechnet werden, wobei selbst Messungenauigkeiten der beiden AMR-Sensoren korrigiert werden können. Zusätzlich besteht die Möglichkeit einer Selbstkontrolle, sodass über den CAN-Ausgang ein sehr plausibler Messwert an das Steuergerät übermittelt werden kann.

Bild 2 zeigt den schematischen Aufbau des Lenkradwinkelsensors LWS3. Zu erkennen sind die beiden Zahnräder, in denen Magnete eingelassen sind. Darüber sind die Sensoren und die Auswerteelektronik angeordnet.

Auch bei dieser Ausführung zwingt der Kostendruck, neue Sensierungsmöglichkeiten zu untersuchen. Dabei wird geprüft, ob ein einzelner AMR-Winkelsensor (LWS4), der dann allerdings nur 360° eindeutig messen kann, am Wellenende der Lenkachse ausreicht, um die erforderliche Sicherheit für ESP gewährleisten zu können (Bild 4).

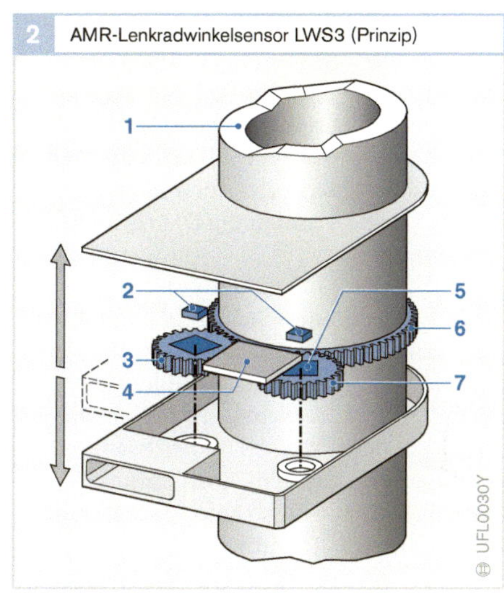

2 AMR-Lenkradwinkelsensor LWS3 (Prinzip)

Bild 2
1 Lenkwelle
2 AMR-Messzellen
3 Zahnrad mit m Zähnen
4 Auswerteelektronik
5 Magnete
6 Zahnrad mit n > m Zähnen
7 Zahnrad mit m +1 Zähnen

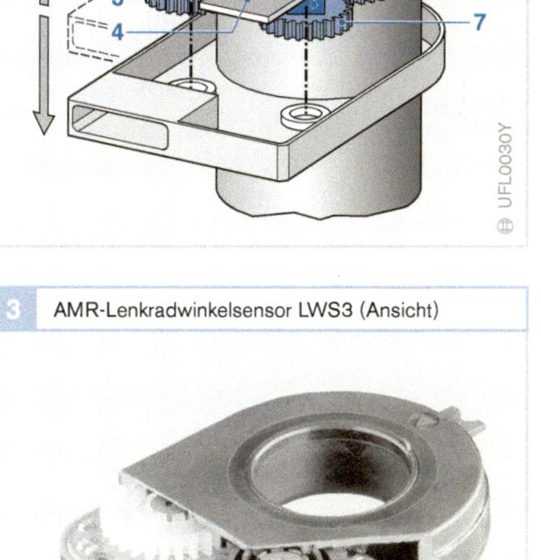

3 AMR-Lenkradwinkelsensor LWS3 (Ansicht)

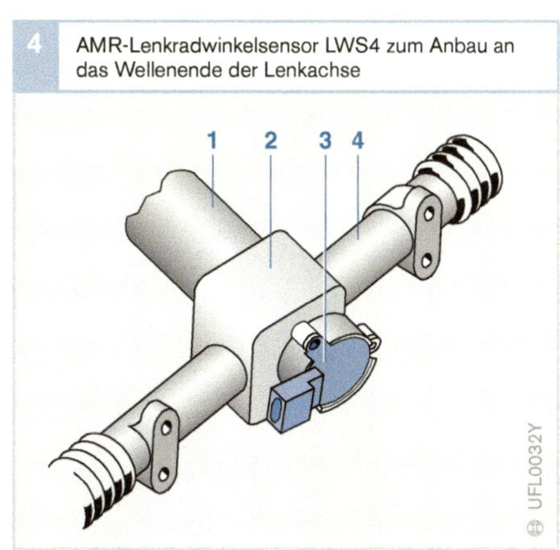

4 AMR-Lenkradwinkelsensor LWS4 zum Anbau an das Wellenende der Lenkachse

Bild 4
1 Lenksäule
2 Lenkgetriebe
3 Lenkwinkelsensor
4 Zahnstange

Hydroaggregat

Das Hydroaggregat/Modulator bildet die hydraulische Verbindung zwischen dem Hauptzylinder und den Radzylindern und ist damit zentrales Bauelement elektronischer Bremssysteme. Es setzt die Stellbefehle des Steuergeräts um und regelt mittels Magnetventilen die Drücke in den Radbremsen.

Grundsätzlich unterscheidet man zwischen Systemen, die den vom Fahrer aufgebrachten Bremsdruck modulieren (Antiblockiersystem, ABS) und solchen, die selbstständig Druck aufbauen können (Antriebsschlupfregelung, ASR, bzw. Traction Control System, TCS, und Elektronisches Stabilitäts-Programm, ESP). Sämtliche Systeme sind aus gesetzlichen Gründen nur in Zweikreisausführung lieferbar.

Entwicklungsgeschichte

Ein Meilenstein in der Entwicklung des ABS stellte der Wechsel von 3/3- auf 2/2-Magnetventile dar. Mit 3/3-Ventilen, welche in der Generation 2 zum Einsatz kamen, konnten mit nur einem Ventil die Regelfunktionen Druckaufbau, Druckhalten und Druckabbau realisiert werden. Die Ventile enthielten zu diesem Zweck drei hydraulische Anschlüsse. Nachteilig bei dieser Ventilausführung war eine sehr teure elektrische Ansteuerung sowie ein hoher mechanischer Aufwand. Eine kostengünstigere Ansteuerung ist mit den 2/2-Ventilen der aktuellen Generationen möglich. Deren Funktionsweise soll im weiteren Verlauf dargestellt werden.

Die seit 2001 am Markt eingeführte Generation 8 ist voll modular konstruiert. Hierdurch kann die Hydraulik auf die Anforderungen des jeweiligen Fahrzeugherstellers z. B. hinsichtlich Mehrwertfunktionen (Value Added Functions), Komfort, Fahrzeugsegment (bis leichte Nutzfahrzeuge) usw. zugeschnitten werden. Die Generation 8 ist tauchdicht, d. h., das Hydroaggregat übersteht ein kurzzeitiges Eintauchen in Wasser unbeschadet.

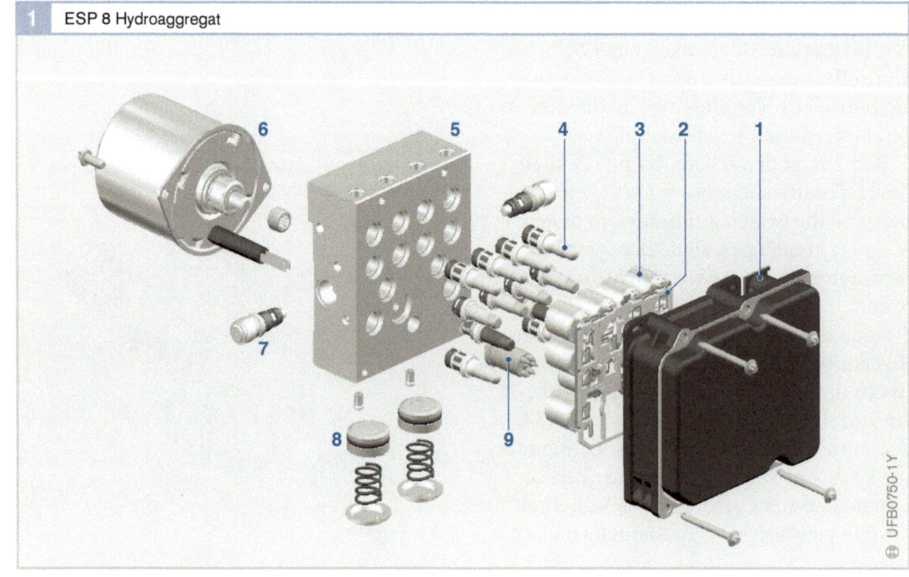

Bild 1

1 Steuergerät
2 Spulenstanzgitter
3 Spulen/ Magnetgruppe
4 Magnetventile
5 Hydraulikblock
6 Gleichstrommotor
7 Kolbenpumpen
8 Niederdruckspeicher
9 Drucksensor

Aufbau

Mechanik

Ein Hydroaggregat für ABS/ASR/ESP
besteht aus einem Aluminiumblock, in
welchem der hydraulische Schaltplan ver-
bohrt ist (Bild 2). Dieser Block dient gleichzeitig zur Aufnahme der notwendigen
hydraulischen Funktionselemente (Bild 1),
die im Folgenden vorgestellt werden sollen.

ABS-Hydroaggregat

Bei einem 3-Kanal ABS-System befindet sich
in diesem Block ein Einlass- und Auslassventil für jedes Vorderrad und ein Einlass-
und Auslassventil für die Hinterachse, insgesamt also sechs Ventile. Dieses System
kann ausschließlich bei Fahrzeugen mit
II-Bremskreisaufteilung Anwendung finden.
Hierbei wird an der Hinterachse nicht jedes
einzelne Rad geregelt, sondern beide Räder

nach dem Select-low-Prinzip. Das heißt, das
Rad mit dem höheren Schlupf bestimmt den
regelbaren Druck der Achse.

Bei einem 4-Kanal ABS-System (für II-
oder X-Bremskraftaufteilung) werden je Rad
ein Einlass- und ein Auslassventil, insgesamt
also acht Ventile verwendet. Mit solch einem
System kann jedes Rad individuell geregelt
werden

Weiterhin werden je Bremskreis ein Pumpen-
element (Rückförderpumpe) und ein Niederdruckspeicher verbaut. Beide Pumpen-
elemente werden über einen gemeinsamen
Gleichstrommotor betrieben.

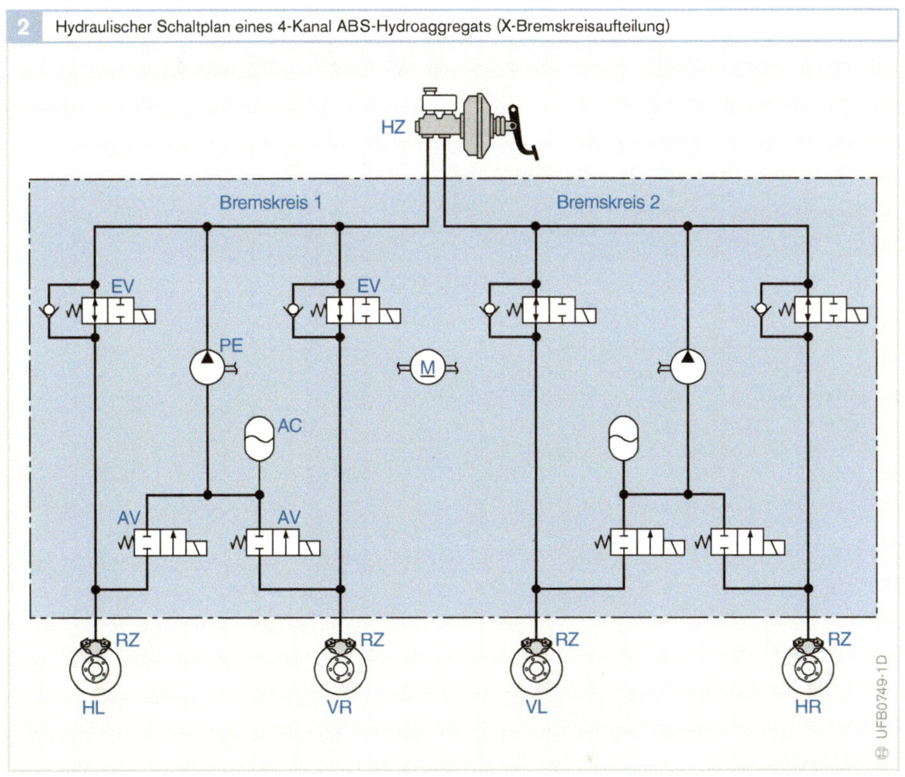

2 Hydraulischer Schaltplan eines 4-Kanal ABS-Hydroaggregats (X-Bremskreisaufteilung)

Bild 2
HZ Hauptzylinder
RZ Radzylinder
EV Einlassventil
AV Auslassventil
PE Rückförderpumpe
M Pumpenmotor
AC Niederdruckspeicher
V Vorne
H Hinten
R Rechts
L Links

ASR-Hydroaggregat

Im Vergleich zu einem ABS-Aggregat verfügt ein ASR mit II-Bremskreisaufteilung am Hinterachskreis (Antriebsräder) zusätzlich über ein Umschaltventil und ein Ansaugventil (insgesamt zehn Ventile).

Beim ASR mit X-Bremskreisaufteilung werden je Kreis zusätzlich ein Umschaltventil und ein Ansaugventil (insgesamt 12 Ventile) benötigt.

ESP-Hydroaggregat

ESP-Systeme erfordern unabhängig von der Bremskreisaufteilung 12 Ventile (Bild 3). Bei diesen Systemen werden die beiden Ansaugventile, wie sie im ASR-Hydroaggregat eingesetzt sind, durch zwei Hochdruckschaltventile ersetzt. Der Unterschied der beiden Ventile besteht darin, dass das Hochdruckschaltventil gegen höhere Differenzdrücke (> 0,1 MPa) schalten kann. Beim ESP kann es notwendig sein, einen vom Fahrer vorgegebenen Bremsdruck zu erhöhen, um das Fahrzeug zu stabilisieren. Für solch ein Manöver (teilaktives Manöver) ist es notwendig, den Saugpfad der Pumpe trotz hohem Vordruck zu öffnen.

Exklusiv in ESP-Systemen wird ein integrierter Drucksensor eingesetzt, der den Bremsdruck im Hauptzylinder erkennt, also den Fahrerwunsch misst. Dies ist ebenfalls für die teilaktiven ESP-Regelmanöver notwendig, da es dabei wichtig ist zu wissen, mit welchem Vordruck der Fahrer bereits bremst.

Da ASR/ESP-Systeme selbsttätig Druck erzeugen müssen, wird bei diesen beiden Systemen die Rückförderpumpe durch eine selbstsaugende Pumpe ersetzt. Um zu verhindern, dass die Pumpe ungewollt Medium aus den Rädern saugt, ist ein zusätzliches Rückschlagventil mit einem bestimmten Schließdruck erforderlich.

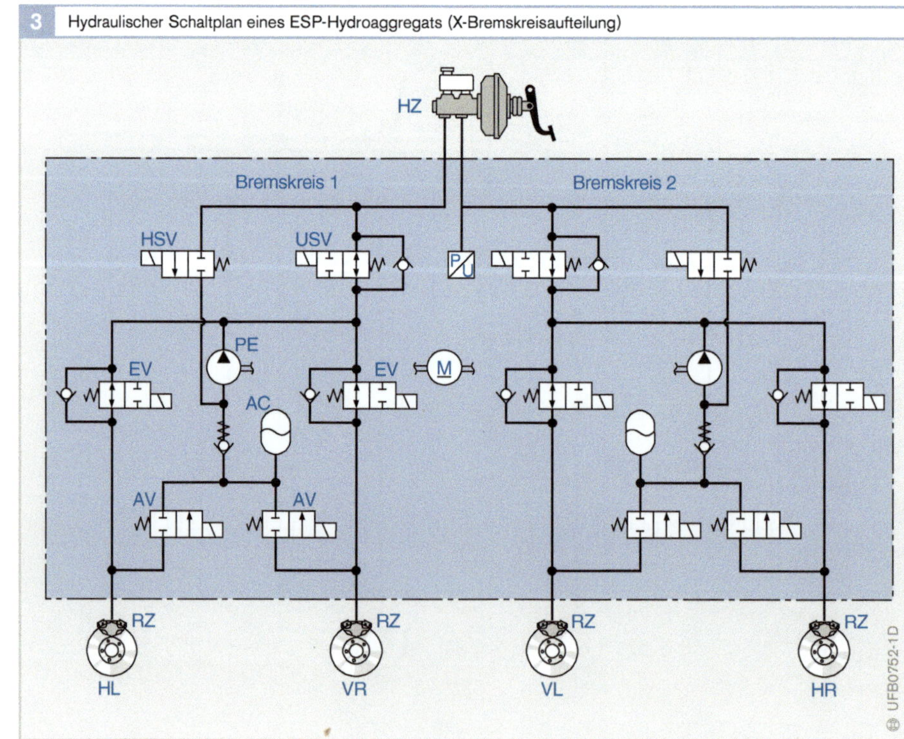

3 Hydraulischer Schaltplan eines ESP-Hydroaggregats (X-Bremskreisaufteilung)

Bild 3

HZ Hauptzylinder
RZ Radzylinder
EV Einlassventil
AV Auslassventil
USV Umschaltventil
HSV Hochdruckschalt-
    ventil
PE Rückförderpumpe
M Pumpenmotor
AC Niederdruck-
    speicher
V Vorne
H Hinten
R Rechts
L Links

Evolution der ABS-Ausführungen

Durch technologische Weiterentwicklungen
auf dem Gebiet der

- Magnetventile und der Fertigungsprozesse,
- Montagetechnik und Integration der
  Komponenten,
- Elektronik-Schaltungen (diskrete
  Schaltungen wurden ersetzt durch
  Hybrid- und integrierte Schaltungen mit
  Mikrocontrollern),
- Prüftechnik (separate Prüfmöglichkeit
  von Elektronik- und Hydraulikteil vor
  Zusammenbau zum Hydroaggregat),
- Sensor- und Relaistechnik

konnte das Gewicht und die Abmessungen
von ABS seit der ersten Generation ABS2 im
Jahr 1978 um mehr als die Hälfte reduziert
werden. Diese Systeme können damit auch in
kleinste zur Verfügung stehende Einbauräume
im Fahrzeug untergebracht werden. Die
Kosten für die ABS-Systeme konnten durch
diese Weiterentwicklungen gesenkt werden,
sodass mittlerweile für alle Fahrzeugtypen das
ABS zur Standardausrüstung gehört.

1   Evolution der ABS-Konfigurationen

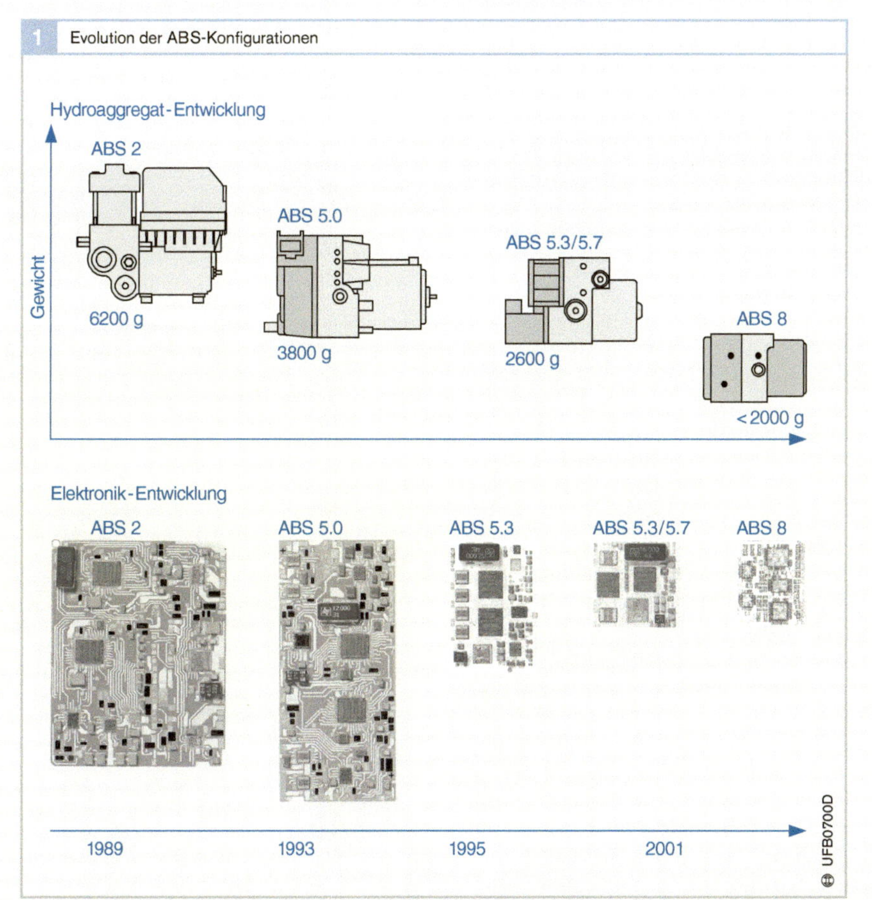

Druckmodulation

Modulation bei ABS-Regelungen

Die Druckmodulation eines ABS/ASR/ESP-Systems wird mittels Magnetventilen ermöglicht. Die Auslassventile sowie – bei ASR und ESP – die Ansaug- und Hochdruckschaltventile sind Schaltventile, die stromlos geschlossen sind und zwei Zustände einnehmen können: geschlossen oder offen.

Im Gegensatz hierzu sind die Einlassventile und Umschaltventile beide stromlos offen und erstmalig in Generation 8 als Regelventile realisiert. Hierdurch können Vorteile bei Bremsleistung und Bremskomfort sowie im Geräuschverhalten erzielt werden. Mittels des Standard-Ventilsatzes können Drücke von bis zu 200 bar moduliert werden. Sondersysteme für noch höhere Drücke, aber auch für zumeist im Nutzfahrzeugbereich erforderliche größere Durchflüsse, können durch spezielle Weiterentwicklungen auf Basis des Generation 8-Baukastens realisiert werden.

Sämtliche Ventile werden über Spulen angesteuert, deren Bestromung mittels des Anbausteuergerätes eingestellt wird.

Druckmodulation mit ABS-Hydroaggregat

Im Falle einer ABS-Bremsung erzeugt der Fahrer zunächst den Bremsdruck am Rad durch Betätigen des Bremspedals. Dies ist ohne Schalten der Ventile möglich, da das Einlassventil (EV) stromlos offen und das Auslassventil (AV) stromlos geschlossen ist (Bild 1a).

Der Zustand *Druck halten* wird dadurch erzeugt, dass das Einlassventil geschlossen wird (Bild 1b).

Blockiert nun ein Rad, so wird durch Öffnen des entsprechenden Auslassventils der Druck aus diesem Rad abgelassen (Bild 1c). Das Volumen kann also aus dem Radzylinder in den entsprechenden Niederdruckspeicher entweichen. Diese Speicherkammer erfüllt die Aufgabe eines Puffers. Sie nimmt die anfallende Bremsflüssigkeit mit einer hohen Dynamik auf. Die im Kreis befindliche Rückförderpumpe, welche durch einen gemeinsamen Motor über einen Exzenter angetrieben wird, baut den vom Fahrer vorgegebenen Druck ab. Die Ansteuerung des Motors geschieht bedarfsgerecht, d. h., der Motor wird drehzahlgeregelt angesteuert. Natürlich können auch mehrere blockierende Räder gleichzeitig ABS-geregelt werden.

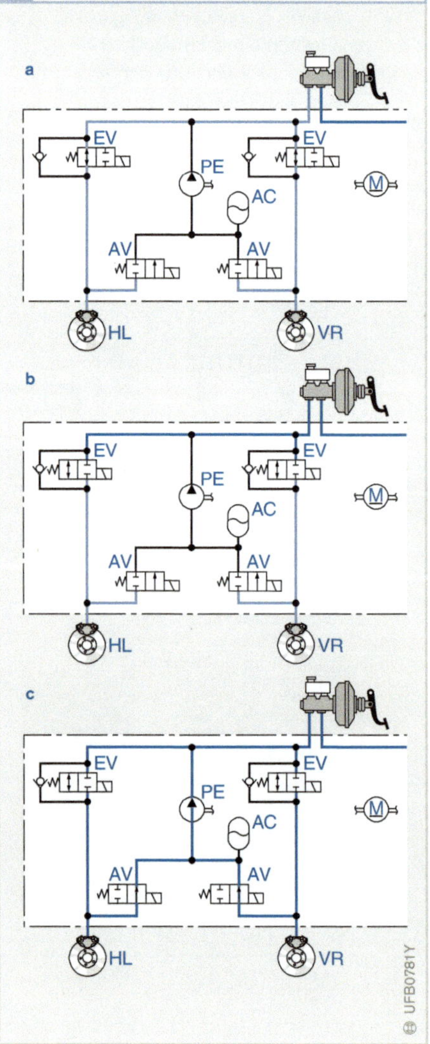

Bild 1

a Druckaufbau
b Druck halten
c Druckabbau

EV Einlassventil
AV Auslassventil
PE Rückförderpumpe
M Pumpenmotor
AC Niederdruckspeicher
V Vorne
H Hinten
R Rechts
L Links

Druckmodulation mit ESP-Hydroaggregaten

Die Druckmodulation bei einer ABS-Regelung erfolgt mittels einer ESP-Hydraulik in gleicher Weise wie zuvor beim ABS beschrieben. In Unterscheidung zum ABS sind bei einem ESP die Radzylinder und der Hauptzylinder zusätzlich über ein stromlos offenes Umschaltventil und ein stromlos geschlossenes Hochdruckschaltventil verbunden, welche notwendig sind, um aktive/teilaktive Bremseingriffe vorzunehmen (Bild 2).

Druckerzeugung bei ESP

Die Druckerzeugungskette setzt sich aus zwei selbstsaugenden Pumpen und einem Motor zusammen. Bei den eingesetzten Pumpen handelt es sich wie schon im ABS um Kolbenpumpen, allerdings können diese ohne Vordruck vom Fahrer Druck erzeugen. Der Antrieb der Pumpen erfolgt bedarfsgesteuert über einen Gleichstrommotor, der ein Exzenterlager antreibt, welches auf der Welle des Motors sitzt.

ASR/ESP-Pumpen können unabhängig vom Fahrer Druck aufbauen bzw. den vom Fahrer bereits aufgebrachten Bremsdruck erhöhen. Dadurch sind diese Systeme befähigt, selbstständig Bremsungen einzuleiten. Hierzu wird das Umschaltventil geschlossen und das Ansaugventil bzw. Hochdruckschaltventil geöffnet. Damit ist es möglich, aus dem Bremsflüssigkeits-Vorratsbehälter über den Hauptzylinder Flüssigkeit zu saugen und in den Radzylindern Druck aufzubauen (Bild 2c). Dies ist nicht nur für ASR/ESP-Funktionen notwendig, sondern auch für viele zusätzliche Komfortfunktionen (Value Added Functions, z. B. Bremsassistent, HBA).

Die bedarfsgerechte Ansteuerung des Pumpenmotors reduziert die Geräuschemission während der Druckerzeugung bzw. Regelung. Bei besonders hohen Anforderungen der Fahrzeughersteller hinsichtlich Geräuschverhalten können die Pumpen mit Dämpfungselementen ausgestattet werden.

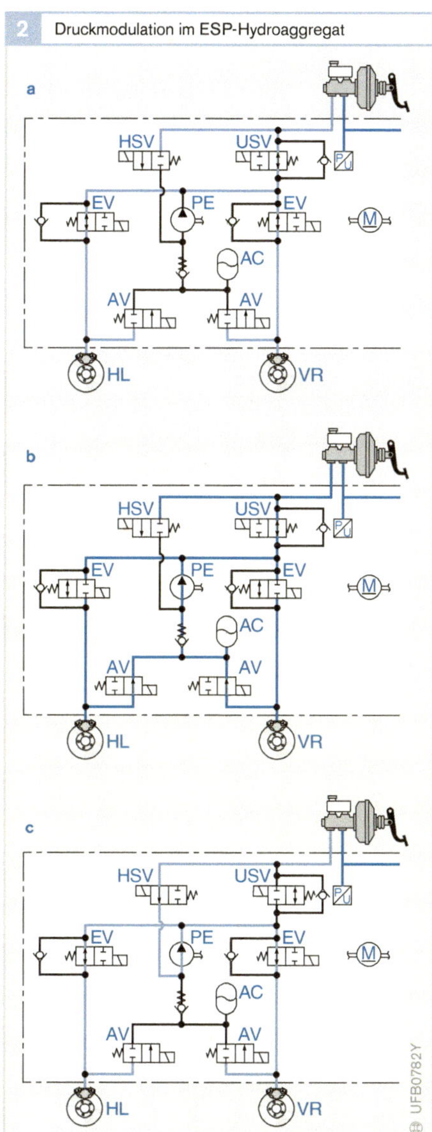

Bild 3
a Druckaufbau bei Bremsung
b Druckabbau bei ABS-Regelung
c Druckaufbau über die selbstsaugende Pumpe durch ASR- oder ESP-Eingriff

EV Einlassventil
AV Auslassventil
USV Umschaltventil
HSV Hochdruckschaltventil
PE Rückförderpumpe
M Pumpenmotor
AC Niederdruckspeicher
V Vorne
H Hinten
R Rechts
L Links

Bei einem ESP gibt es prinzipiell drei unterschiedliche Einsatzfälle:

- Passiver Fall, wie zuvor bei der ABS-Regelung beschrieben.
- Teilaktiver Fall, bei dem ein vom Fahrer vorgegebener Druck nicht ausreicht, um das Fahrzeug zu stabilisieren.
- Vollaktiver Fall, bei dem zur Stabilisierung des Fahrzeugs ein Druck erzeugt wird, ohne dass der Fahrer das Bremspedal betätigt.

Beide Druckerzeugungsfälle werden außer bei einer ESP-Regelung auch noch bei einer Vielzahl von Zusatzfunktionen genutzt, z. B. Adaptive Cruise Control, Bremsassistent.

Teilaktive Regelung

Für die teilaktive Regelung ist es notwendig, dass das Hochdruckschaltventil gegen hohe Differenzdrücke den Saugpfad der Pumpe öffnen kann. Die ist deshalb notwendig, da der Fahrer bereits einen hohen Druck erzeugt hat und dies zur Stabilisierung des Fahrzeugs aber nicht ausreicht.

Damit das Hochdruckschaltventil gegen hohen Differenzdruck öffnen kann, ist es zweistufig konstruiert. Die erste Stufe des Ventils wird über die Magnetkraft der bestromten Spule, die zweite Stufe über die hydraulische Flächendifferenz geöffnet.

Wenn der ESP-Regler einen instabilen Zustand des Fahrzeugs erkennt, werden die stromlos offenen Umschaltventile geschlossen und die stromlos geschlossenen Hochdruckschaltventil geöffnet. Anschließend erzeugen die beiden Pumpen zusätzlichen Druck, um das Fahrzeug zu stabilisieren.

Nach dem das Fahrzeug stabilisiert ist, wird das Auslassventil geöffnet und der zu hohe Druck im geregelten Rad in den Speicher abgelassen. Sobald der Fahrer das Bremspedal löst wird die Flüssigkeit aus dem Speicher in den Bremsflüssigkeitsbehälter zurückgefördert

Vollaktive Regelung

Erkennt der ESP-Regler einen instabilen Zustand des Fahrzeugs, werden die Umschaltventile geschlossen. Das verhindert, dass die Förderleistungen der Pumpen über das USV/HSV hydraulisch kurzgeschlossen ist und keine Druckerzeugung ermöglicht wird. Gleichzeitig werden die Hochdruckschaltventile geöffnet. Die selbstsaugende Pumpe fördert nun Bremsflüssigkeit in das oder die entsprechenden Räder, um Druck aufzubauen. Soll z. B. nur in einem Rad Druck aufgebaut werden (zur Gierratenkompensation), so werden die Einlassventile der übrigen Räder geschlossen. Zum Druckabbau werden schließlich die Auslassventile geöffnet und die Hochdruckschaltventile und Umschaltventile kehren in ihre Ausgangsstellung zurück. Die Bremsflüssigkeit entweicht aus den Rädern in die Speicherkammern. Diese werden nun durch die Pumpen leer gefördert.

Ansteuerung der Hydroaggregate
Ein Steuergerät verarbeitet die Informationen
der Sensoren und bildet die Ansteuersignale
für das Hydroaggregat. Die im Hydroaggregat
integrierten Magnetventile können die hydraulischen Leitungen zwischen dem Hauptzylinder und den Radzylindern durchschalten oder
unterbrechen.

Hydroaggregate mit 3/3-Magnetventilen
Die Ausführung ABS2S ging als erstes Antiblockiersystem 1978 in Serie. Bei diesem
ABS-System schaltet das Steuergerät die
3/3-Magnetventile des Hydroaggregats in drei
verschiedene Ventilstellungen. Für jeden Radzylinder ist solch ein Magnetventil vorhanden
(Bild 1a).
– Die erste (stromlose) Stellung verbindet
  Hauptzylinder und Radzylinder miteinander;
  der Radbremsdruck kann ansteigen.
– Die zweite Stellung (Erregung mit der
  Hälfte des Maximalstroms) trennt die Radbremse vom Hauptzylinder und vom Rück-
  lauf ab, sodass der Radbremsdruck konstant bleibt.
– Die dritte Stellung (Erregung mit Maximal-
  strom) trennt den Hauptzylinder ab und verbindet gleichzeitig Radbremse und Rück-
  lauf miteinander, sodass der Radbremsdruck sinkt.

Damit kann der Bremsdruck nicht nur kontinuierlich, sondern durch ein getaktetes
Ansteuern auch stufenförmig (und damit
gemäßigt) auf- und abgebaut werden.

Hydroaggregate mit 2/2-Magnetventilen
Während ABS2S mit 3/3-Magnetventilen ar-
beitet, verfügen die Nachfolgesysteme ABS5
und ABS8 über 2/2-Magnetventile mit zwei
hydraulischen Anschlüssen und zwei Ventil-
stellungen. Das Einlassventil zwischen dem
Haupt- und dem Radzylinder sorgt für den
Druckaufbau, das Auslassventil zwischen Rad-
zylinder und der Rückförderpumpe für den
Druckabbau. Für jeden Radzylinder ist ein
Magnetventilpaar vorhanden (Bild 1b).
– In Stellung „Druck aufbauen" verbindet das
  Einlassventil den Hauptzylinder mit dem
  Radzylinder, sodass der im Hauptzylinder
  aufgebaute Bremsdruck beim Bremsvorgang auf den Radzylinder wirken kann.
– In Stellung „Druck halten" sperrt das Ein-
  lassventil bei starker Radverzögerung
  (Blockiergefahr) die Verbindung zwischen
  Haupt- und Radzylinder und verhindert
  damit eine weitere Erhöhung des Brems-
  drucks. Auch das Auslassventil ist dabei
  geschlossen.
– Bei weiter ansteigender Radverzögerung
  sperrt das Einlassventil in Stellung „Druck
  abbauen" weiterhin. Außerdem pumpt die
  Rückförderpumpe über das geöffnete Auslassventil Bremsflüssigkeit ab, sodass der
  Bremsdruck im Radzylinder sinkt.

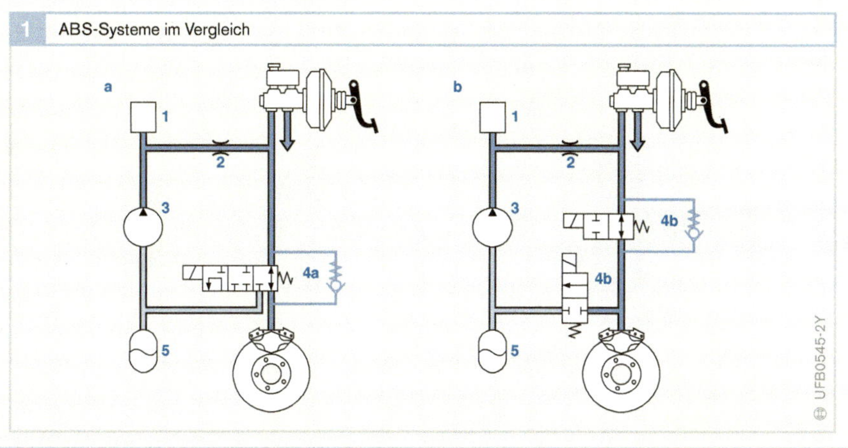

1 ABS-Systeme im Vergleich

Bild 1
a ABS2
b ABS5

1 Dämpferkammer
2 Drossel
3 Rückförderpumpe
4a 3/3-Magnetventil
4b 2/2-Magnetventile
5 Speicherkammer

Sensorik für Fahrzeugrundumsicht

Mit einer elektronischen Rundumsicht lassen sich zahlreiche Fahrerassistenzsysteme realisieren. Das „sehende" Auto nimmt mithilfe von Sensoren das Fahrzeugumfeld wahr, interpretiert es, erkennt frühzeitig gefährliche Situationen, unterstützt den Fahrer und greift zukünftig immer heftiger selbsttätig in Fahrmanöver ein. Je nach Aufgabe und Anforderungen kommen verschiedene Sensoren zum Einsatz (Bild 1).

Übersicht

Absicherungsbereiche
Ultranahbereich
Der Ultranahbereich reicht bis ca. 2,5 m. Hindernisse, die in diesem Bereich liegen, werden von den Ultraschallsensoren der Einparkhilfe erfasst.

Nahbereich
Für den Nahbereich kommen neben Ultraschallsensoren mit erweitertem Messbereich (bis ca. 4,5 m) Short-Range-Radarsensoren (SRR) auf Basis von 24 GHz infrage. Sie können einen „virtuellen Sicherheitsgürtel" um das Fahrzeug bilden. Damit lässt sich mit beiden Sensorarten z. B. der „tote Winkel" überwachen.

Mittelbereich
Der mit Video überwachte Mittelbereich reicht bis ca. 80 m. Damit kann z. B. erkannt werden, ob das Fahrzeug die Fahrspur verlässt (Spurhalteassistent).

Nachtsichtbereich
Eine Verbesserung der Nachtsicht ergibt sich mit der Infrarottechnik. Kameras nehmen das Geschehen vor dem Fahrzeug auf und geben es über ein Display wieder. Die Reichweite entspricht mit bis zu 150 m etwa dem Fernlicht.

Fernbereich
Für den Fernbereich sind ACC-Systeme (Adaptive Cruise Control) mit Long-Range-Radarsensoren (LRR) im Einsatz. Sie arbeiten im Frequenzbereich um 76,5 GHz, die Radarkeule erfasst den Bereich bis ca. 200 m vor dem Fahrzeug. Damit können vorausfahrende Fahrzeuge detektiert werden, sodass sich die automatische Geschwindigkeitsregelung dem fließenden Verkehr anpassen kann.

Heckbereich
Für die Überwachung des Heckbereichs beim Einparken und Rangieren können neben den Ultraschallsensoren Videokameras eingesetzt werden.

Bild 1

1 Fernbereichsradar (77 GHz) mit Reichweite < 200 m
2 Fern-/Nahbereichs-Infrarotsichtsystem mit Reichweite < 150 m (Nachtsichtbereich)
3 Außenbereich-Video (mittlerer Bereich < 80 m)
4 Nahbereichsradar 24 GHz (Nahbereich < 20 m)
5 Innenraum-Video
6 Ultraschall-Sensorik (Ultranahbereich < 2,5 m)

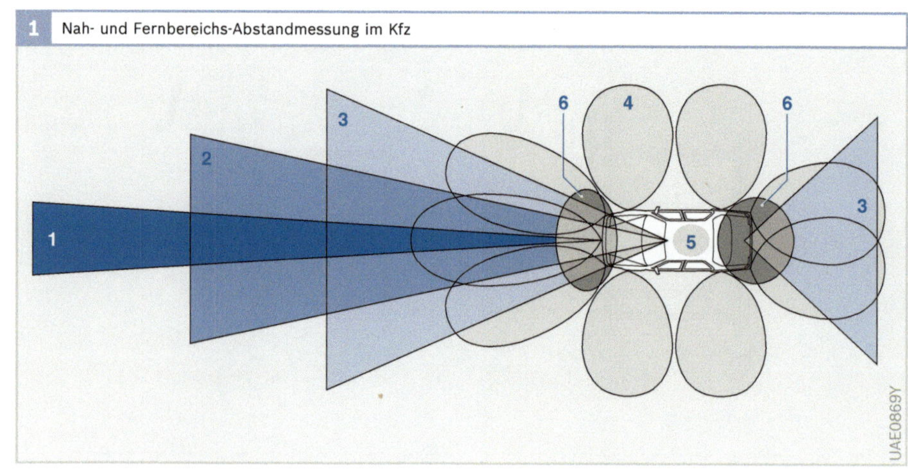

Ultraschalltechnik

Anwendung

Rückfahrhilfe und Einparkhilfen benutzen heute Ultranahbereichssensoren in Ultraschalltechnik. Sie haben hohe Akzeptanz beim Kunden gefunden und sind mittlerweile weit verbreitet. Ultraschallsensoren sind in den Stoßfängern von Kraftfahrzeugen integriert und dienen zur Ermittlung von Abständen zu Hindernissen und zur Überwachung eines Raumes z. B. beim Ein- und Ausparken bzw. Rangieren. Mit dem großen Erfassungswinkel, der sich bei der Nutzung mehrerer Sensoren ergibt (Fahrzeugheck und Fahrzeugfront jeweils bis zu sechs Sensoren), können mithilfe der Triangulation Entfernung und Winkel zum Hindernis bestimmt werden. Beim Annähern an ein Hindernis erhält der Fahrer eine akustische und/oder optische Anzeige.

Heutige Ultranahbereichssensoren in Ultraschalltechnik besitzen in der Standardausführung eine Reichweite von ca. 2,5 m. Mit einer erhöhten Sendeleistung sowie mit Ultraschallsensoren der nächsten Generation wird eine Reichweite von über 4 m erzielt. Dies eröffnet eine Reihe neuer Anwendungen für diesen Sensor, so etwa eine Parklückenvermessung und einen Einparkassistenten, der dem Fahrer während des Einparkvorgangs laufend Hinweise zum optimalen Einparken in die jeweilige Parklücke gibt. Bei zukünftigen Systemen geht man von einem halbautomatischen Einparken aus, bei dem der Fahrer nur noch die Längsführung des Fahrzeugs übernehmen muss, während die Lenkung automatisch betätigt wird.

Messverfahren

Analog zum Echolotverfahren senden die Sensoren Ultraschallimpulse mit einer Frequenz von ca. 43,5 kHz aus und detektieren das Zeitintervall zwischen Aussenden der Impulse und Eintreffen der von Hindernissen reflektierten Echoimpulse (Bild 2). Der Abstand d zum nächstgelegenen Hindernis ergibt sich aus der Laufzeit t_e des zuerst eintreffenden Echoimpulses und der (temperaturabhängigen) Schallgeschwindigkeit c_s in Luft (ca. 340 m/s):

$$d = 0,5 \cdot t_e \cdot c_s \tag{1}$$

Ultraschallsensoren

Aufbau

Ein Ultraschallsensor (Bild 3) besteht aus einem Kunststoffgehäuse mit integrierter Steckverbindung, einem Ultraschallwandler (Aluminiumtöpfchen mit einer Membran, auf deren Innenseite ein Piezoschwinger eingeklebt ist) und einer Leiter-

<table>
<tr><td>**2**</td><td>Prinzip der Abstandsmessung mittels Ultraschall</td></tr>
</table>

<table>
<tr><td>**3**</td><td>Schnittbild eines Ultraschallsensors</td></tr>
</table>

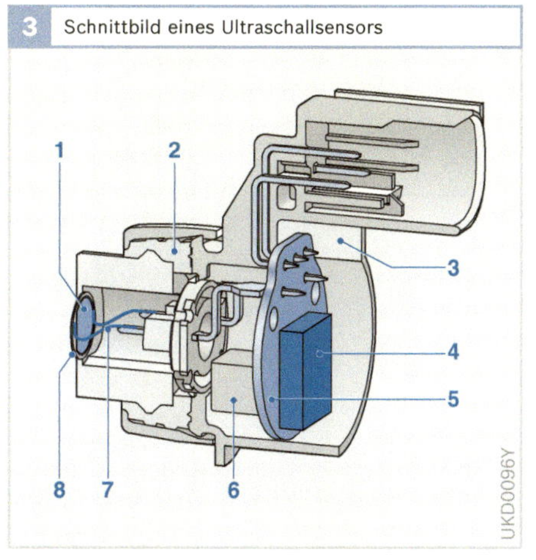

Bild 2
a Messaufbau
b Messsignale

Bild 3
1 Piezokeramik
2 Entkopplungsring
3 Kunststoffgehäuse mit Steckverbinder
4 ASIC
5 Leiterplatte mit Sende- und Auswerteelektronik (ASIC)
6 Übertrager
7 Bonddraht
8 Aluminiummembran

platte mit Sende- und Auswerteelektronik. Der elektrische Anschluss an das Steuergerät erfolgt über drei Leitungen, von denen zwei der Spannungsversorgung dienen. Über die dritte, bidirektionale Leitung wird die Sendefunktion eingeschaltet und das ausgewertete Empfangssignal an das Steuergerät zurückgemeldet.

Arbeitsweise

Der Ultraschallsensor empfängt vom Steuergerät einen digitalen Sendeimpuls. Danach regt die elektronische Schaltung die Aluminiummembran mit Rechteckimpulsen bei der Resonanzfrequenz in typisch ca. 300 µs zum Schwingen an, sodass Ultraschallimpulse ausgesendet werden. Der von einem Hindernis reflektierte Schall versetzt die inzwischen wieder beruhigte Membran wiederum in Schwingungen. Während der Abklingdauer von ca. 900 µs ist kein Empfang möglich. Diese Schwingungen werden von der Piezokeramik als analoges elektrisches Signal ausgegeben und von der Sensorelektronik verstärkt und in ein digitales Signal umgewandelt. Bild 4 zeigt das Blockschaltbild eines Ultraschallsensors.

Detektionscharakteristik

Um einerseits möglichst viele Hindernisse in einem weiten Erfassungsbereich zu erkennen, andererseits aber Bodenunebenheiten zu ignorieren, ist die Detektionscharakteristik der Sensoren asymmetrisch ausgebildet. Sie besitzen eine selektive Abstrahlcharakteristik mit breiter horizontaler und schmaler vertikaler Erfassungskeule. Dies wird durch eine asymmetrisch ausgebildete Sensormembran oder vorzugsweise mit einem selektiven, länglichen dünnen Membranbereich erreicht. Der Sensor besitzt damit einen Erfassungswinkel von ± 60° in der Horizontalen, in der Vertikalen ist er auf ± 30° eingeengt. Bild 5 zeigt ein Abstrahldiagramm eines Ultraschallsensors (Messdiagramm).

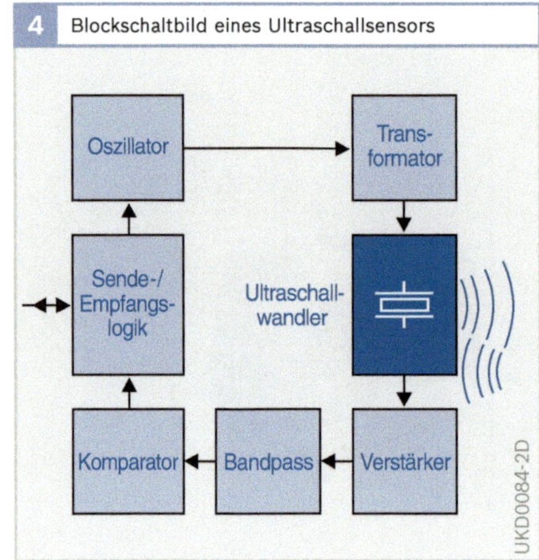

4 Blockschaltbild eines Ultraschallsensors

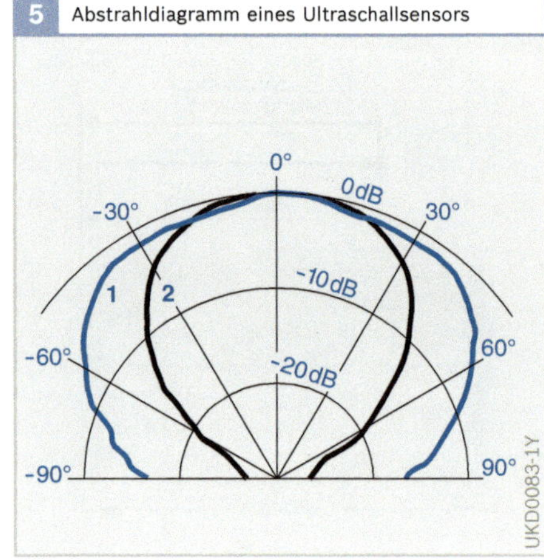

5 Abstrahldiagramm eines Ultraschallsensors

Bild 5
1 Horizontal
2 vertikal

Radartechnik

Anwendung

Die vom Radargerät ausgesendeten Wellenpakete werden an Oberflächen aus Metall oder anderen reflektierenden Materialien zurückgeworfen und können vom Empfangsteil des Radars wieder aufgenommen werden. Aus der Laufzeit dieser elektromagnetischen Wellen kann der Abstand zu den Objekten gemessen werden. Zur Messung der Ralativgeschwindigkeit bietet sich der Dopplereffekt an.

Die Radartechnik bietet somit eine Möglichkeit, das Umfeld eines Kraftfahrzeugs zu sensieren.

Messverfahren

Die empfangenen Signale werden bezüglich Zeit und/oder Frequenz mit dem ausgesendeten Signal verglichen. Gerade bei der Art dieses Vergleichs unterscheiden sich die bekannten Verfahren erheblich. Damit ein empfangenes Signal einem ausgesendeten Signal eindeutig zugeordnet werden kann, wird das ausgesendete Wellenpaket im Frequenz-Zeit-Verlauf moduliert. Die bekanntesten Arten sind die

▶ Puls-Modulation, bei der Pulse in der Größenordnung von 10...30 ns (entsprechend einer Länge von 3...10 m) gebildet werden, und

▶ die Frequenzmodulation, die beim Aussenden die (Momentan-) Frequenz der Wellen zeitlich ändert.

Bei allen Radarverfahren basiert die Abstandsmessung auf der direkten oder indirekten Laufzeitmessung für die Zeitdauer zwischen der Aussendung des Radarsignals und dem Empfang des Signalechos.

Puls-Modulation

Bei einem pulsmodulierten Signal wird die Laufzeit τ zwischen Aussenden und Empfang gemessen. Damit das empfangene Signal die gewünschte Information liefern kann, wird es demoduliert. Über die Lichtgeschwindigkeit kann aus dieser Zeitdifferenz der Abstand zum vorausfahrenden Fahrzeug bestimmt werden.

Diese Zeitdauer τ ist bei direkter Reflexion durch den (doppelten) Abstand d zum Reflektor und der Lichtgeschwindigkeit c gegeben:

$$\tau = 2d/c$$

Bei einem Abstand $d = 150$ m und $c \approx 300\,000$ km/s beträgt die Laufzeit $\tau \approx 1{,}0$ µs.

FMCW-Modulation

Eine direkte Laufzeitmessung, wie sie zuvor beschrieben wurde, ist aufwändig. Einfacher ist eine indirekte Laufzeitmessung. Das Verfahren ist als FMCW (Frequency Modulated Continuous Wave) bekannt. Statt des Vergleichs der Zeiten zwischen Sendesignal und Empfangsecho werden beim FMCW-Radar die Frequenzen zwischen dem Sendesignal und dem Empfangsecho verglichen. Die Voraussetzung dafür ist eine zeitlich veränderte Sendefrequenz (Bild 6).

Beim FMCW-Verfahren werden linear in der Frequenz modulierte Radarwellen mit einer Dauer von typischerweise einigen Millisekunden und einem Hub von einigen hundert MHz ausgesandt (f_s, durchgezogene Kurve in Bild 6). Das an einem vorausfahrenden Fahrzeug reflektierte Signal ist

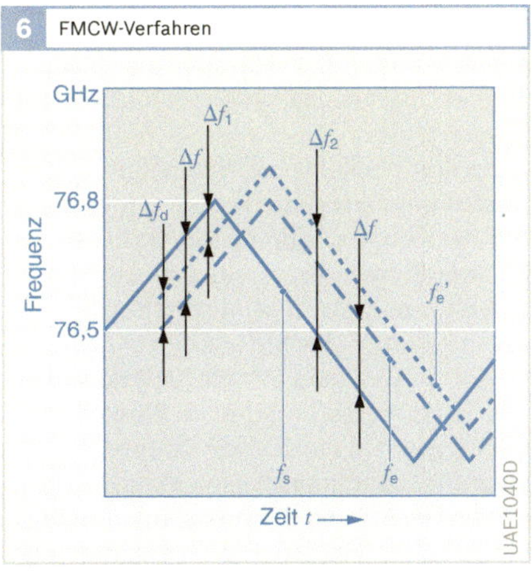

6 FMCW-Verfahren

Bild 6
f_s Sendesignal
f_e Empfangssignal bei gleicher Geschwindigkeit
f_e' Empfangssignal bei vorhandener Relativgeschwindigkeit

entsprechend der Signallaufzeit verzögert (f_e, gestrichelte Linie in Bild 6). In der ansteigenden Rampe ist es somit von niedrigerer Frequenz, in der abfallenden Rampe von einer um den gleichen Betrag höherer Frequenz. Die Frequenzdifferenz Δf ist ein direktes Maß für den Abstand.

Besteht zusätzlich noch eine Relativgeschwindigkeit zwischen den Fahrzeugen, so wird die Empfangsfrequenz f_e wegen des Dopplereffektes sowohl in der aufsteigenden als auch in der abfallenden Rampe um einen bestimmten Betrag Δf_d erhöht (gepunktete Linie in Bild 6). Hierdurch ergeben sich zwei unterschiedliche Frequenzdifferenzen Δf_1 und Δf_2. Ihre Addition ist das Maß für den Abstand, ihre Subtraktion das Maß für die Relativgeschwindigkeit der Fahrzeuge zueinander.

Die Signalverarbeitung im Frequenzbereich liefert somit für jedes Objekt eine Frequenz, die sich als Linearkombination je eines Terms für Abstand und Relativgeschwindigkeit ergibt. Aus den gemessenen Frequenzen von zwei Rampen mit verschiedener Steigung lassen sich somit für ein Objekt Abstand und Relativgeschwindigkeit bestimmen. Für Szenarien mit mehreren Zielen sind mehrere Rampen unterschiedlicher Steigung erforderlich.

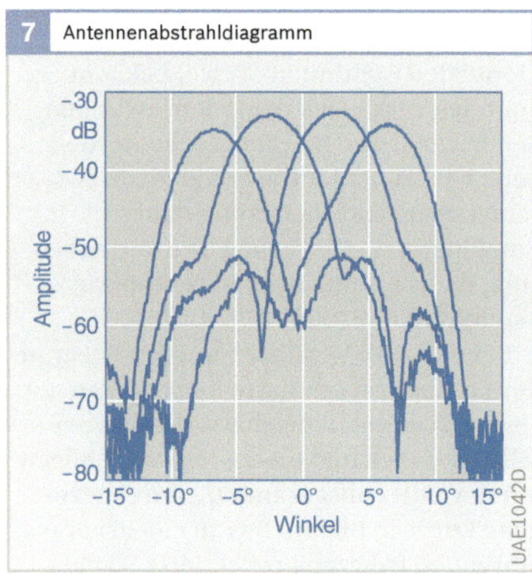

Dopplereffekt

Obwohl sich aus aufeinander folgenden Messungen des Abstands die Relativgeschwindigkeit des Messobjekts bestimmen lässt, kann diese Messgröße schneller, zuverlässiger und genauer durch die Nutzung des Dopplereffekts gemessen werden.

Für ein sich relativ zum Radarsensor bewegendes Objekt (Relativgeschwindigkeit v_{rel}) erfährt das Signalecho gegenüber dem abgestrahlten Signal eine Frequenzverschiebung f_D. Diese beträgt bei den hier relevanten Differenzgeschwindigkeiten:

$$f_D = -2 \cdot f_c \cdot v_{rel}/c$$

Dabei ist f_c die Trägerfrequenz des Signals. Bei den für ACC (Adaptive Cruise Control) gebräuchlichen Radarfrequenzen von $f_c = 76{,}5$ GHz ergibt sich eine Frequenzverschiebung von $f_D \approx 510 \cdot v_{rel}$/m, also 510 Hz bei 1 m/s Relativgeschwindigkeit (Annäherung).

Winkelbestimmung

Als dritte Basisgröße wird die seitliche Lage des Radarobjekts gesucht. Diese kann nur bestimmt werden, wenn der Radarstrahl in verschiedene Richtungen abgestrahlt und aus den Signalen die Richtung mit der stärksten Reflektion bestimmt wird. Zur Bestimmung des Winkels, unter dem das Radar ein Objekt ortet, wird entweder ein einzelner Strahl geschwenkt (Scannen) oder es werden mehrere Radar-„Keulen" parallel ausgesendet und ausgewertet.

Um den Winkel messen zu können, sind mindestens zwei Radarkeulen erforderlich, die sich überlappen. Die Verhältnisse der Amplituden, die für ein Objekt in benachbarten Strahlen gemessen werden, lassen einen Rückschluss auf den Sichtwinkel zu. Werden z. B. vier Radarstrahlen eingesetzt, deren horizontale Winkelabhängigkeit in Form eines Zweiwege-Antennendiagramms beispielhaft in Bild 7 gezeigt ist, so kann der horizontale Sichtwinkel durch Vergleich von Amplitude und

Phase der gemessenen Radarsignale mit dem Antennendiagramm ermittelt werden.

Messgrößen und abgeleitete Größen

Aus den drei direkt ermittelten Größen Abstand, Relativgeschwindigkeit und Horizontalwinkel werden anschließend abgeleitete Größen wie z. B. Relativbeschleunigung, relativer Querversatz und relative Quergeschwindigkeit berechnet.

Neben der Hauptfunktion, Positionen von Objekten zu bestimmen, sind auf dem Radarsensor auch verschiedene Zusatzfunktionen ausgeführt. Hierzu zählen die Unterstützung der Sensorjustage und verschiedene Diagnosefunktionen, wie zum Beispiel die Erkennung von Sensor-Dejustage und -Blindheit sowie Funktionsausfällen.

Long Range Radar

Die adaptive Fahrgeschwindigkeitsregelung (ACC, Adaptive Cruise Control) setzt die Radartechnik ein, um vorausfahrende Fahrzeuge zu detektieren und die Fahrgeschwindigkeit daraufhin anzupassen. Der Long Range Radar (LRR) erfasst hierzu einen Bereich bis zu 200 m vor dem eigenen Fahrzeug.

Hochfrequenzteil des ACC-Sensors

Bild 8 zeigt das Blockschaltbild des Hochfrequenzteils eines FMCW-Radars. Es lässt sich in vier funktionale Gruppen unterteilen.

Der Bereich HF-Erzeugung und Regelung stellt die Hochfrequenz für die Aussendung zur Verfügung. Die HF-Leistung wird dabei mit einem spannungsgesteuerten Oszillator (VCO, Voltage-Controlled Oscillator), bestehend aus einer Gunn-Diode in mechanischem Resonator, zwischen 76 und 77 GHz erzeugt. Ein kleiner Teil der erzeugten Leistung wird mit einem Dielektrischen Resonanz-Oszillator (DRO) mit harmonischem Mischer in ein Zwischenfrequenzband heruntergemischt und der Regelelektronik (PLL-ASIC, Phase Locked Loop) zugeführt. Ein Mischer erzeugt aus zwei Eingangssignalen das Produkt (Multiplizierer, Produktmodulator), beim harmonischen Mischer handelt es sich bei den Eingangssignalen um sinusförmige Signale. Die durch den Mischer bewirkte Multiplikation erzeugt ein Ausgangssignal, das aus zwei Frequenzanteilen besteht – einem sinusförmigen Signal mit der Differenzfrequenz und einem sinusförmigen Signal mit der Summenfrequenz der beiden Eingangssignale. Der Summenfrequenzanteil (oder alternativ der Differenzfrequenzanteil) wird durch ein geeig-

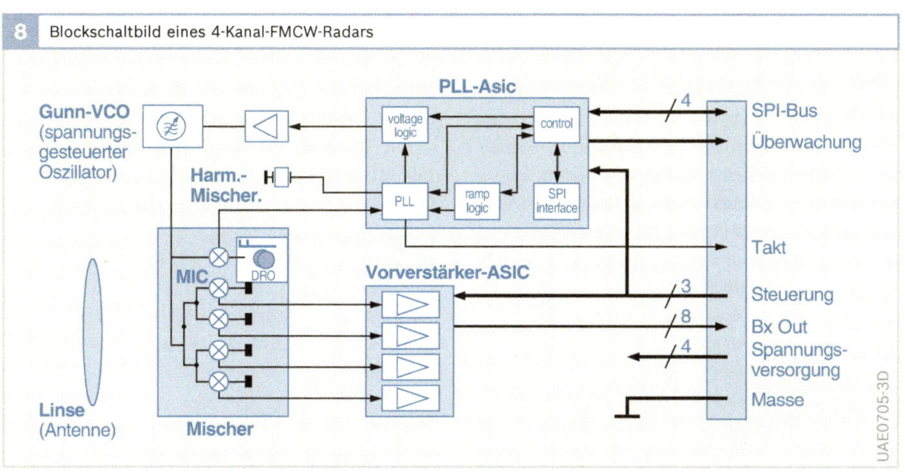

8 Blockschaltbild eines 4-Kanal-FMCW-Radars

netes Filter unterdrückt, sodass zur Weiterverarbeitung wieder nur ein sinusförmiges Signal vorhanden ist. Das Signal hat die gleiche Nutzbandbreite, die nur auf eine andere Zwischenfrequenz gemischt wurde.

Der PLL-ASIC steuert über einen Leistungstreiber den VCO an und sorgt für die Frequenzstabilisierung und -modulation.

Im Bereich der Sende- und Empfangsschaltung wird die HF-Leistung über drei Wilkinson-Teiler (repräsentiert durch drei Verzweigungspunkte im Mischer, Bild 8) auf die vier Sende-/Empfangskanäle aufgeteilt. Über „Durchblase"-Mischer wird einerseits diese Leistung der Antenne zugeführt, andererseits wird das Empfangssignal ins Basisband (Frequenzbereich, in dem sich das zu übertragende Nutzsignal befindet) herunter gemischt.

Die Verstärkung der Signale im Basisband erfolgt in einem ASIC. Er besitzt vier Kanäle, eine umschaltbare Verstärkung und eine spezielle Kennlinie. Diese kompensiert einen Teil der großen Signaldynamik, indem hohe Frequenzen (entsprechend hohen Abständen) stärker verstärkt werden. Außerdem ist in der Kennlinie ein Tiefpass-Antialiasing-Filter für die nachfolgende Abtastung integriert. Dieses Filter dient dazu, das Nyquist-Shannon-Abtasttheorem einhalten zu können. Das Abtasttheorem besagt, dass ein kontinuierliches, bandbegrenztes Signal mit einer Maximalfrequenz f_{max} mit einer Frequenz größer als $2 \cdot f_{max}$ abgetastet werden muss, damit aus dem so erhaltenen zeitdiskreten Signal das Ursprungssignal ohne Informationsverlust rekonstruiert bzw. beliebig genau approximiert werden kann. Das Antialiasing-Filter dämpft somit Signalanteile oberhalb der Nyquist-Frequenz (halbe Abtastfrequenz) durch Tiefpassfilterung.

Das Antennensystem ist monostatisch ausgelegt. Es besteht aus vier kombinierten Sende- und Empfangpatches auf dem HF-Substrat, vier Polyrods (Kunststoffkegel) zur Vorfokussierung und einer Kunststofflinse zur Strahlbündelung. Als

Teil des Gehäuses dient die Linse gleichzeitig als Radar-optisches Fenster und Abschirmung. Die Radarwellen werden von den vier Antennenpatches gleichzeitig und kohärent abgestrahlt, sodass sich eine resultierende Sendewelle ergibt. Die eigentliche Trennung in die vier separaten Strahlen findet erst auf der Empfangsseite statt. Hier werden vier getrennt aufgebaute Empfangskanäle eingesetzt.

Die Sendefrequenz wird über den spannungsgesteuerten Oszillator (VCO), wie in Bild 6 dargestellt, rampenförmig linear mit der Steigung $m = df/dt$ moduliert. Während das empfangene Signal nach der Laufzeit $\tau = 2d/c$ wieder eintrifft, hat sich die Sendefrequenz in der Zwischenzeit um die Differenzfrequenz $f_D = \tau \cdot m$ verändert. So kann die Laufzeit und damit die Entfernung indirekt über die Bestimmung der Differenzfrequenz zwischen Empfangs- und Sendesignal ermittelt werden. Die Differenzfrequenz kann wiederum mit einem Mischer und einer anschließenden Tiefpassfilterung (Antialiasing-Filter) gewonnen werden.

Für die Bestimmung der Frequenz wird das Zeitsignal (Gemisch von Sinussignalen verschiedener Frequenzen, die zu den verschiedenen Radarzielen im Sichtbereich gehören) digitalisiert und mithilfe einer schnellen FFT (Fast Fourier Transformation) in ein Frequenzspektrum gewandelt. Damit lassen sich die im abgetasteten periodischen Signal hauptsächlich vorkommenden Frequenzen bestimmen.

Die Information der Differenzfrequenz enthält jedoch nicht nur die Information für die Laufzeit, sondern auch noch die Doppler-Verschiebung. Dieser Umstand bedeutet zunächst eine Mehrdeutigkeit bei der Auswertung. Sie lässt sich durch die Anwendung mehrerer FMCW-Modulationszyklen mit unterschiedlichen Steigungen auflösen.

Radar-Signalverarbeitung

Bild 9 zeigt das Blockschaltbild einer Radarsignal-Verarbeitungseinheit. Für die digitale Datenverarbeitung wird ein Prozessor mit zwei Rechnerkernen (Dual-Core Prozessor) eingesetzt. Der in diesem Baustein enthaltene Digitale Signalprozessor (DSP) wird zur Datenakquisition, Berechnung der FFT und zur weiteren Basis-Signalverarbeitung eingesetzt. Daneben ist in dem Prozessor ein Mikrocontroller (µC) enthalten, in dem die weitere Signalverarbeitung (Einzelortungen mit Abstand, Geschwindigkeit und Winkel), die Anwendungssoftware (Objektgenerierung, Bestimmung der Kurskrümmung, Bestimmung des Zielobjekts für die ACC-Regelung) sowie Steuergerätefunktionen ausgeführt wird (z. B. Abfrage weiterer Sensoren, die für die ACC-Funktionalität relevant sind, aber auch von anderen Anwendungen verwendet werden können).

Weiterhin sind diverse Peripherieeinheiten im Dual-Core Prozessor integriert: Serielle Schnittstellen, zwei CAN-Controller (Controller Area Network), ein Analog-digital-Wandler sowie verschiedene digitale Ports.

Um den Prozessor sind verschiedene Peripheriebausteine angeordnet. Die analogen Radarsignale von der HF-Platine werden in einem Analog-digital-Wandler in digitale Abtastwerte umgesetzt. Dies geschieht parallel für vier Kanäle. In diesem Baustein ist auch noch ein digitales Tiefpassfilter (Antialiasing-Filter) integriert, das für eine Begrenzung auf die Nyquist-Bandbreite sorgt. Als externer, nichtflüchtiger Speicher wird ein EEPROM eingesetzt. Hier werden Applikationsparameter und ggf. Fehlereinträge gespeichert. Ein Multifunktions-ASIC dient zur Erzeugung der Versorgungsspannungen (verschiedene DC-Spannungen) und als Leistungstreiber (K-Line, CAN, Linsenheizung). Daneben ist noch ein Watchdog integriert. Mit einem Temperatursensor kann die Innentemperatur des Systems gemessen werden.

Die Verbindung des Gerätes mit dem Fahrzeug erfolgt über einen achtpoligen Stecker. Darüber werden die Batteriespannung (ca. 12 V), Masse (GND), zwei CAN-Busse, alternativ eine Wakeup-Leitung (Aufwecken aus dem Sleep-Modus) oder K-Leitung (serielle Schnittstelle für Diagnose) und ebenfalls alternativ eine Radom-Heizung (Linsenheizung) oder ein Zeitlückensignal geführt.

Die Niederfrequenzschaltung kann in Standard-Leiterplatten-Technologie ausgeführt werden.

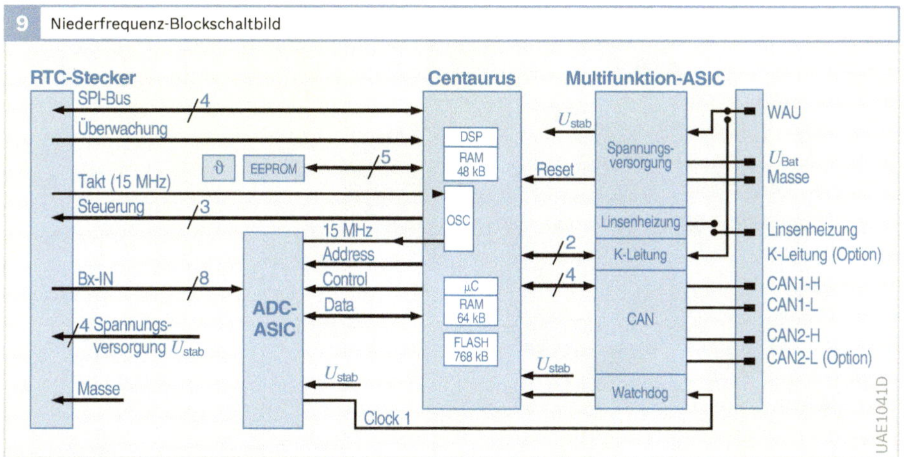

9   Niederfrequenz-Blockschaltbild

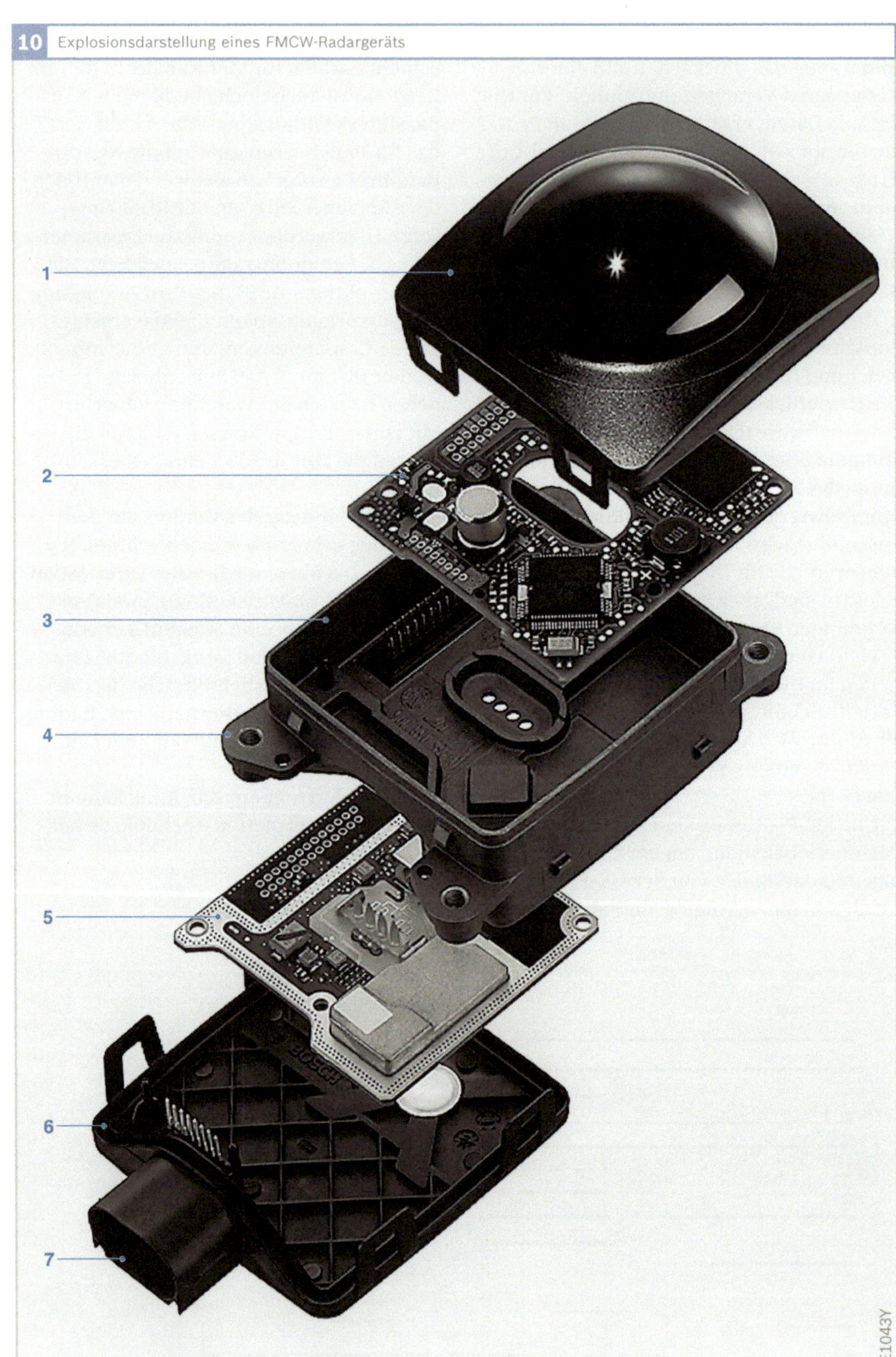

10 Explosionsdarstellung eines FMCW-Radargeräts

Bild 10

1 Gehäuseoberteil
  mit Linse
2 NF-Platine
3 Zwischenträger
4 Lagerpunkte für
  Justierung
5 HF-Platine
6 Gehäuseunterteil
7 Stecker

Mechanischer Aufbau eines Radargeräts

Bild 10 zeigt die Explosionsdarstellung eines FMCW-Radargeräts der zweiten Produktgeneration von der Firma Robert Bosch GmbH. Die HF-Platine (5) enthält die Komponenten aus dem in Bild 8 dargestellten Blockschaltbild, die NF-Platine (2) die Komponenten der Signalverarbeitung aus Bild 9.

Das Gehäuse besteht aus drei Komponenten und erfüllt eine Vielzahl von Funktionen. Es ist wasserdicht und schützt damit gegen das Eindringen von Wasser und Schmutz. Gleichzeitig wird über ein spezielles Druckausgleichselement im Gehäuseboden der Ausgleich von Druckschwankungen bzw. Luft möglich, ohne Wasser einzulassen.

Der Zwischenträger (3) - das Zentrale Teil - wird per Aluminium-Druckguss hergestellt. Er dient gleichzeitig als Träger für die beiden Leiterplatten und als Kühlkörper zur Abführung der Wärme von den elektronischen Bauteilen. An den Ecken des Zwischenträgers erkennt man außerdem die Lagerpunkte (4), mit denen das Gerät an der Halterung befestigt wird.

Das Gehäuseunterteil (6) enthält neben dem Druckausgleichselement auch noch den Gerätestecker (7). Außerdem dient es als Abschirmung, indem es in Verbindung mit dem Zwischenträger die Hochfrequenz einkapselt. Dadurch wird die Übertragung möglicher Störfrequenzen nach außen und nach innen unterbunden.

In das Gehäuseoberteil (1) ist eine Linse integriert, die die Radarstrahlen bündelt. Weiterhin ist in die Linse eine Heizung integriert, mit der eine Vereisung verhindert werden kann.

Nahbereichsradar 24 GHz (Short Range Radar)

Beim Pulsradar werden sehr kurze Impulse ausgesendet. Objekte reflektieren diese Signale zum Sensor zurück. Die Laufzeit dieser Signale muss gemessen werden. Bei der Ausbreitungsgeschwindigkeit elektromagnetischer Wellen (Lichtgeschwindigkeit) ist dies keine einfache Messaufgabe. Bild 11 zeigt das Blockschaltbild eines Pulsradars.

Ein Oszillator, der mit einer Frequenz von z. B. 24 GHz schwingt, gibt seine Signale auf einen Leistungsteiler (Power-Splitter). Dessen Ausgänge münden auf zwei Hochgeschwindigkeitsschalter in den beiden im Diagramm gezeichneten Kanälen. Im oberen Pfad werden die Signale eines Impulsgenerators zunächst moduliert und dann auf den Hochgeschwindigkeitsschalter (HF-Modulationsschalter) gegeben. Von dieser Baugruppe gehen die Signale zur Sendeantenne.

Im unteren Parallelpfad erzeugt eine einstellbare Verzögerung Bezugssignale,

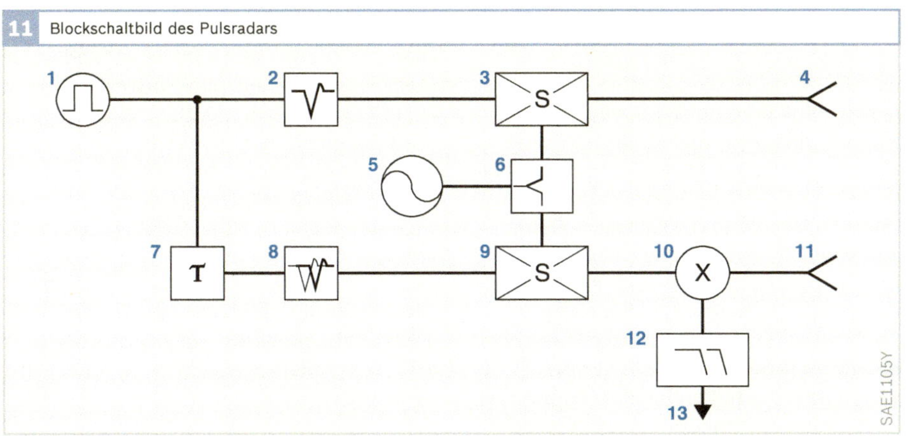

11 Blockschaltbild des Pulsradars

SAE1105Y

Bild 11
1 Pulsgenerator
2 Modulation Pulsgenerator
3 Hochfrequenz-Modulationsschalter
4 Sendeantenne
5 Oszillator 24 GHz
6 Leistungsteiler
7 Zeitverzögerung
8 Modulation Pulsgenerator
9 Hochfrequenz-Modulationsschalter
10 Mischer
11 Empfangsantenne
12 Doppler-Filter
13 Ausgang

die auf einen Hochgeschwindigkeitsschalter im Empfangspfad münden. Das empfangene Echosignal wird mit dem Ausgangssignal des Oszillators gemischt, der als kohärenter Bezug dient, um Frequenzänderungen im empfangenen Echosignal zu erkennen. Kohärenz bedeutet hier, dass die Phase des gesendeten Impulses im Referenzsignal gespeichert bleibt. Die Änderung wird durch den Doppler-Filter ermittelt.

Bei einer abgestrahlten Spitzenleistung von 20 dBm EIRP (Leistungspegel mit der Bezugsgröße 1 mW, Equivalent Isotropic Radiated Power, effektive isotrope Strahlungsleistung) ergibt sich eine Messentfernung von 20...50 m, je nach Größe und Reflexionseigenschaften des Objekts. Die minimale Messentfernung beträgt etwa 25 cm.

Die Messgenauigkeit eines solchen Sensors ist hoch und liegt im Bereich weniger Zentimeter bei einer Objekttrennfähigkeit von etwa 1,5 m. Die mit solchen Sensoren angedachten Sicherheitsfunktionen (z. B. PreCrash-Sensorik zur frühzeitigen Detektion einer bevorstehenden Kollision) erfordern kurze Messzyklen; sie liegen im Bereich von 2 msec und darunter.

Funkzulassung

Für den Betrieb von Radarsensoren ist eine Funkzulassung erforderlich. Es gibt heute zwei verschiedene Arten von SRR-Sensoren: Ultra-Wide-Band (UWB)-Sensoren werden mit sehr kurzen Impulsen betrieben, wodurch eine Abstrahlung in einem breiten Frequenzband entsteht. Schmalbandige Sensoren (Narrow band sensors) benötigen eine Bandbreite von lediglich 0,125 GHz und werden üblicherweise im ISM-Band (Industrial, Scientific and Medical Band), einem frei zugänglichen Frequenzband, betrieben. Das LRR arbeitet in einem ISM-Band, während UWB-Sensoren eine deutlich größere Frequenzbandbreite (mehrere GHz) benötigen. Wegen der hohen Bandbreite besitzen UWB-Sensoren eine überlegene Entfer-

nungsmessgenauigkeit zusammen mit einer sehr guten Objektseparierung gegenüber Schmalbandsensoren. So erfüllen die UWB-Sensoren speziell für Anwendungen im niedrigen Geschwindigkeitsbereich alle geforderten Eigenschaften.

Wegen der Verfügbarkeit von kostengünstigen HF-Komponenten wurde das 24-GHz-Band gewählt. Schmalbandig emittierende Sensoren können ohne spezielle Funkzulassung betrieben werden, wenn sie sich im Rahmen des ISM-Bandes halten. Hochauflösende Sensoren benötigen jedoch eine höhere Bandbreite, typischerweise 5 GHz. Damit überstreichen diese Sensoren aber den durch Fußnote 5.340 in der internationalen Frequenzzuweisungstabelle geschützten Frequenzbereich von 23,6...24 GHz („all emissions are prohibited", zum Schutz der Radioastronomie).

Nach langen Verhandlungen wurde das beantragte Frequenzband von 24,125 ± 2,5 GHz unter folgenden Auflagen freigegeben: Maximalleistung – 41,3 dBm/MHz, Laufzeit bis zum 30.06.2013 bei einer maximalen Fahrzeugdurchdringung von 7% je europäischem Land. Die Nachfolgefrequenz von 79 ± 2 GHz wurde mit der Auflage einer Kompatibilität mit den etablierten Nutzern in Europa ohne weitere Auflagen freigegeben.

Die Reichweite typischer Nahbereichssensoren in Radartechnik liegt zwischen 2 und 20...50 m, je nach Fahrerassistenzfunktion. Funktionen können entweder auf Basis dieser Technik allein oder durch Kombination mit dem ACC oder anderen Funktionen realisiert werden.

Die Einführung solcher Sensoren erfolgte erstmals mit der ACC-Stop&Go-Funktion im Jahre 2005. Hierbei kommen zwei Short Range Radarsensoren zum Einsatz. Sollen noch weitere Funktionen mit dieser Sensortechnik abgedeckt werden, sind bis zu jeweils vier Sensoren an Fahrzeugfront und Fahrzeugheck erforderlich.

Lidar

Lidarsensoren (Light Detection and Ranging) für ACC-Anwendungen sind in Japan seit einigen Jahren im Einsatz, wenngleich mit gegenüber Radar reduziertem Leistungsvermögen. Im Prinzip arbeiten Lidarsensoren wie Radarsensoren, mit dem Unterschied, dass sie elektromagnetische Wellen im infraroten Wellenlängenbereich zwischen 800 und 1 000 nm benutzen anstatt Mikrowellen im mm-Bereich. Lidarstrahlen werden durch Nebel und schlechte Sichtverhältnisse, vor allem Gischt, mitunter erheblich gedämpft. Die Messreichweite kann dadurch entsprechend reduziert werden. Dies macht sie für Sicherheitsanwendungen weniger gut geeignet als Radarsensoren.

Die Infrarotstrahlung wird in ihrer Intensität, nicht in ihrer Frequenz moduliert. Das Blockdiagramm eines Lidarsensors ist in Bild 12 dargestellt.

Der Lidarsensor emittiert modulierte Infrarotstrahlung, die von einem Objekt reflektiert und von einer oder mehreren Fotodioden im Sensor empfangen wird. Modulationsformen können sein: Rechteckschwingungen, Sinusschwingungen oder Pulse. Der Modulator sendet die Modulationsinformation an den Empfänger. Dadurch kann das empfangene Signal mit dem ausgesendeten verglichen werden, um daraus entweder die Phasendifferenz der Signale oder ihre Laufzeit zu ermitteln und hieraus die Entfernung zum Objekt zu berechnen.

Das Signal/Rauschverhältnis hängt stark von der Modulationsart ab, beste Ergebnisse werden mit Pulsmodulation erreicht. Daher ist Pulsmodulation für Lidare mit großer Reichweite das in der Praxis eingesetzte Verfahren. Typische Werte für die Pulsdauern liegen im Bereich von Nanosekunden, die Pulslängen liegen somit im 1-m-Bereich. Durch geeignete Signalverarbeitungsverfahren können Messgenauigkeiten im cm-Bereich realisiert werden.

Laterale und vertikale Auflösung wird entweder durch einen mehrstrahligen Aufbau (Multibeam) oder durch mechanisches Scannen erreicht. Mechanisches Scannen hat den Vorteil einer sehr feinen Winkelauflösung, wenn nur ein Sende- und Empfangsteil benutzt wird. Die Strahlablenkung wird entweder durch einen rotierenden Spiegel oder durch Hin- und Herbewegen der Optik des Senders und/oder des Empfängers erreicht.

Im Gegensatz zu den meisten Radarsensoren misst Lidar die Objektgeschwindigkeit nicht direkt. Stattdessen wird sie durch Differenzierung des Entfernungssignals errechnet, wodurch eine gewisse Verzögerung und eine reduzierte Signalqualität entsteht. Andererseits ist die gute laterale Auflösung des scannenden Lidars der heutiger typischer Radarsensoren deutlich überlegen.

Von herausragender Bedeutung für Automobilanwendungen und insbesondere Sicherheitsfunktionen ist die Wettertauglichkeit des Lidarsensors. Lidar hat, wie andere optische Sensorverfahren auch, deutliche Defizite bei Gischt und Nebel. So haben Messungen gezeigt, dass es momentan keine Alternative für Radar bei Sicherheitsfunktionen gibt.

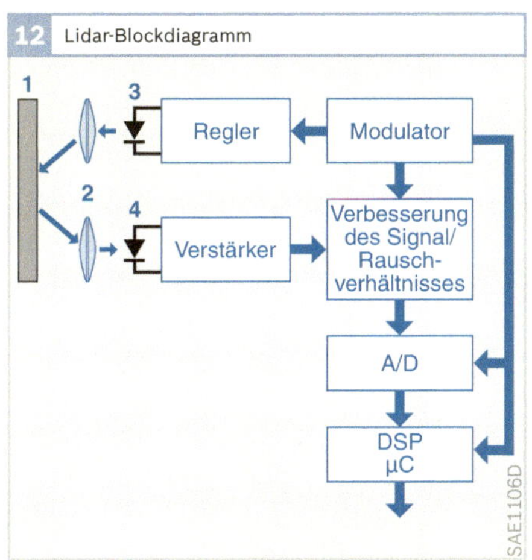

12 Lidar-Blockdiagramm

Bild 12
1 Reflektierendes Objekt
2 Optik
3 Sendediode
4 Empfängerdiode

DSP Digitaler Signalprozessor
A/D Analog-digital-Wandler
µC Mikrocontroller

Videotechnik

Anwendung

Bilder besitzen den höchsten Informationsinhalt für den Menschen. Er nimmt seine Eindrücke von der Fahrzeugumgebung mit seinen Augen auf, und wertet die Verkehrssituationen mit seiner Intelligenz und Erfahrung aus. Folglich ist es für die Entwicklung von Fahrerassistenzsystemen naheliegend, Bilder aufzunehmen, relevante Details aus ihnen zu extrahieren und gefährliche Situationen über Bildverarbeitungsmethoden zu ermitteln.

In einem ersten Schritt werden neue, videobasierte Funktionen wie z. B. Spurverlassenswarner, Systeme zur Nachtsichtverbesserung oder zur Abstandswarnung in den Markt eingeführt. In einem zweiten Schritt werden Funktionen, die (auch durch Zusammenwirken mehrerer Sensoren) in die Fahrzeugdynamik durch Einwirkung auf Bremse, Lenkung und Gas eingreifen, neue Perspektiven für Unfallvermeidung und Unfallfolgenminderung eröffnen.

Grundlagen Videotechnik

Bild 13 zeigt die grundlegenden Bestandteile eines Kamerasystems und den Signalfluss in einem Bildverarbeitungssystem bis hin zur Mensch-Maschine-Schnittstelle (HMI, Human Machine Interface).

Die Optik des Videosystem bildet eine Bildquelle – z. B. einen beleuchteten Gegenstand – auf einen Bildsensor ab. Dieser wandelt die gesammelte Strahlung in den einzelnen Bildpunkten des Bildsensors (Imager) in eine elektrische Ladung um, die wiederum elektronisch weiter verarbeitet werden kann. Sofern es sich um eine Analog-Kamera handelt, wird diese Information mit einem Analog-digital-Wandler (ADC, Analog-Digital Converter) in digitale Signale zur weiteren Verarbeitung in einem Bildverarbeitungsrechner gewandelt.

Im Falle eines Automobilsystems unterscheidet man zwei verschiedene Aufgaben. Geht es darum, ein besonders kontrastreiches und brillantes Bild zu erzeugen, wie es bei Nachtsichtsystemen gefordert wird, wird eine Bildbearbeitung durchgeführt. Das bearbeitete Bild wird dann einem Display direkt zugeführt. Im anderen Fall besteht die Aufgabe darin, bestimmte Bildinhalte unter Verwendung spezieller Algorithmen zu extrahieren (Bildverarbeitung, z. B. Verkehrszeichenerkennung). Die so gewonnene Information kann dann dazu verwendet werden, eine Warnung für den Fahrer über das Display auszugeben oder einen Fahrzeugeingriff über Aktoren zu erzeugen.

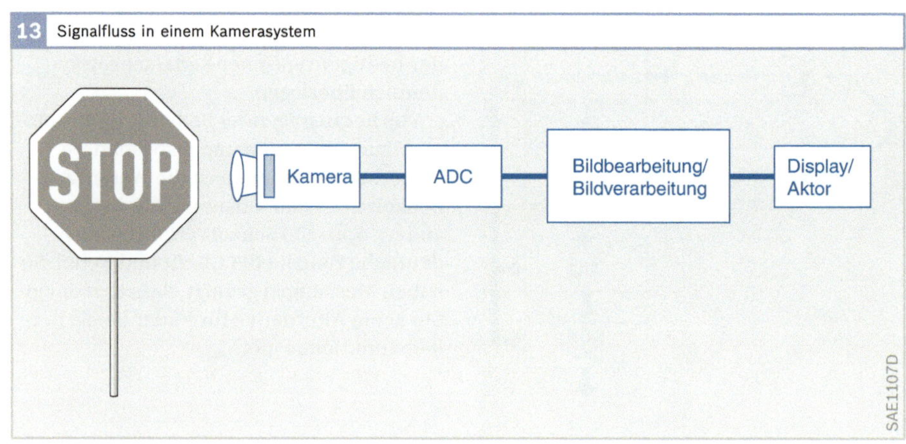

13 Signalfluss in einem Kamerasystem

Bildsensoren

Ein Bildsensor (Imager) besteht aus einer Vielzahl einzelner Bildpunkte. Typische Auflösungen liegen heute bei VGA (Video Graphics Array, 640 × 480 Bildpunkte bzw. Pixel). Einfallende Fotonen dringen in den Halbleiter ein, wobei die meisten von ihnen Elektron-Loch-Paare erzeugen. Diese Ladungspaare erzeugen einen Fotostrom, der zur Intensität des einfallenden Lichts über viele Größenordnungen proportional ist.

Es gibt eine starke spektrale Abhängigkeit der Absorptionstiefe der Fotonen im Halbleiter. Strahlung mit kurzer Wellenlänge wird an der Oberfläche überwiegend absorbiert, während langwellige Strahlung (rot, infrarot) tief in den Halbleiter eindringt. Folglich sinkt die erreichbare räumliche Auflösung erheblich mit zunehmender Wellenlänge. Bilder, die mit rotem oder infrarotem Licht (z. B. für Nachtsichtsysteme) aufgenommen wurden, zeigen viel geringeren Kontrast als solche, die mit grünem oder blauem Licht aufgenommen wurden. Für reine Taganwendungen werden daher häufig optische Filter vor die Linse gesetzt, die den einfallenden Infrarotteil abschneiden. Im Konsumbereich, z. B. bei Videokameras, ist diese Filterung üblich.

Der Wirkungsgrad eines Fotoempfängers wird üblicherweise durch den Quantenwirkungsgrad beschrieben. Er gibt an, wie viele Ladungspaare pro Foton erzeugt werden. Die wichtigsten Fotodetektoren sind Fotodioden und Kondensatoren in MOS-Technik (Metall-Oxid-Halbleiter). Letztere werden in den CCD-Sensoren (Charge Coupled Device) verwendet. Beide Sensoren können mit Standard Halbleiterprozessen hergestellt werden.

Der klassische Sensor für Videokameras ist der CCD-Imager. Diese Technik hat während der letzten 30 Jahre eine hohe Produktreife erreicht und CCD-Benutzer haben sich vielfach mit den Einschränkungen bezüglich Auflösung, Helligkeitsdynamikbereich und Temperaturverhalten ab-

gefunden. CCD-Sensoren neigen zum „Blooming", einem Überstrahlen einzelner Bildpunkte oder Bildpunktbereiche bei starker Lichteinstrahlung. Das Blooming ist bedingt durch ein Überlaufen der Ladung auf benachbarte Punkte.

CMOS-Sensoren haben einige Vorteile gegenüber CCD-Sensoren. Da sie in Standard VLSI-Technologie (Very Large Scale Integration) hergestellt werden, kann weitere elektronische Beschaltung auf dem gleichen Halbleiterchip untergebracht werden. Sie benötigen weniger Leistung für die Ansteuerung, da jeder Bildpunkt nur während des Ausleseprozesses aktiv ist. Wegen dieser Eigenschaften sind CMOS-Sensoren die bevorzugte Technologie für anspruchsvolle Anwendung im Fahrzeug.

Das menschliche Auge besitzt eine nichtlineare Empfindlichkeitscharakteristik über die Helligkeit, die etwa logarithmisch verläuft. Es liegt daher nahe, dieses Verhalten auch in einem Fotosensor zu

Bild 14
a   Bild einer CCD-Kamera
b   Bild einer HDRC-Kamera (CMOS-Bildsensor)

realisieren. Neuere Entwicklungen von CMOS-Sensoren zeigen eine Helligkeitsdynamik von mehr als 120 dB, man spricht auch von HDRC-Sensoren (High Dynamic Range Camera). Mit dieser Dynamik erscheinen im Falle eines entgegenkommenden Fahrzeugs die Scheinwerfer als helle Punkte mit nur geringen Überstrahlungseffekten. CMOS-Technologie ist daher herkömmlichen CCD-Sensoren weit überlegen. Bild 14 zeigt einen Vergleich der beiden Technologien am Beispiel einer Tunnelausfahrt.

Bild 14a ist mit einer CCD-Kamera aufgenommen, Bild 14b mit einer HDRC-Kamera mit großem Dynamikbereich. Man sieht deutlich, dass die CCD-Kamera fast keine Graustufen in der Tunnelöffnung auflösen kann, während im unteren Bild alle Details (Bäume, entgegenkommende Fahrzeuge) erkannt werden.

Heutige Videosensoren sind bezüglich Auflösung, Empfindlichkeit und Helligkeitsdynamik noch weit von der Leistungsfähigkeit des menschlichen Sehapparates entfernt, aber moderne Methoden der Bildverarbeitung zusammen mit neu entwickelten hochdynamischen Bildsensoren lassen bereits heute das enorme Potenzial dieser Sensorik erkennen.

Mit CMOS-Sensoren wurde mittlerweile eine gute räumliche Auflösung erreicht. Die Größe der Bildpunkte liegt normalerweise im Bereich von 5×5 µm^2. Auflösung und Chipgröße sind letztlich eine Frage der gewünschten Empfindlichkeit des Sensors; ein kleiner Bildpunkt oder eine hohe Auflösung bedeuten eine niedrige Empfindlichkeit und umgekehrt. Der Entwurf eines Imager-Designs für Automobilanwendungen stellt heute noch einen Kompromiss dar: Eine hohe räumliche Auflösung (z. B. $4k \times 4k$ Pixel) kann nur durch Beschränkung der Pixelgröße und damit auch des Füllfaktors erreicht werden. Niedrigere Empfindlichkeit ist die Folge.

Videokamera

Bild 15 zeigt eine automobiltaugliche Videokamera. Dieser Kamerakopf enthält den Bildsensor-Chip und die Optik sowie eine Elektronik zur Ansteuerung der Kamera. Die Bildverarbeitung erfolgt in einem separaten Hochleistungsrechner.

Heutige Kameras sind weitestgehend in monochromer Form realisiert, da interne Farbfilter zu einer nicht akzeptablen Reduktion der Empfindlichkeit, insbesondere für Nachtanwendungen, führen würden.

15 CMOS-Kamera für Automobilanwendungen

Range-Imager-Technik

Range-Imager sind eine neue Technik, die sowohl Charakteristika der Lidartechnik wie auch der Kameratechnik miteinander kombinieren. Sie können als ein Videosensor angesehen werden, der zusätzlich die Fähigkeit besitzt, mit jedem Kamerabildpunkt die Entfernung zum nächsten Objekt zu messen. Hierdurch entsteht ein dreidimensionales Bild der Fahrzeugumgebung. Bild 16 zeigt das Blockdiagramm.

Es gibt verschiedene Range-Imager-Techniken, die sich in Details unterscheiden. Das bekannteste Prinzip im automobilen Bereich ist momentan das Photonic Mixer Device (PMD), eine Gemeinschaftsentwicklung der Universität Siegen und Audi.

Das Prinzip ist in Bild 17 dargestellt: Das Objekt wird durch modulierte Strahlung von LEDs im nahen Infrarotbereich bestrahlt. Die negativ geladenen Ladungsträger, die durch die einfallende Strahlung in jedem Bildpunkt (pixel) erzeugt werden, werden durch ein elektrisches Feld, das sich mit der Modulation des emittierten Lichtes verändert, auf zwei Kondensatoren C1 und C2 aufgeteilt. Dadurch entspricht die Differenz der Ladungen der Kapazitäten direkt der Phasendifferenz zwischen der einfallenden und der austretenden Strahlung und kann daher dazu verwendet werden, die Entfernung zum Objekt auszurechnen.

Die Summe der Ladung beider Kapazitäten entspricht der Gesamtmenge der eingefallenen Strahlung und kann daher in einen Grauwert des jeweiligen Bildpunktes umgerechnet werden.

Jeder Bildpunkt benötigt Chipfläche für die individuelle Ansteuerelektronik. Daher ist der Füllfaktor von Range-Imagern viel niedriger als der von Videosensoren. Momentane PMD-Sensoren besitzen maximal 64 × 16 Pixel und sind somit nur sehr eingeschränkt für die Klassifikation von Objekten einsetzbar.

Die Szene vor dem Fahrzeug muss mit naher Infrarotstrahlung ausgeleuchtet werden. Dies erfordert für Reichweiten über 5...10 m sehr leistungsstarke Infrarotlampen, die im MHz-Bereich moduliert werden müssen. Dies ist mit großer Wärmeentwicklung verbunden und stellt eine Herausforderung an die weitere Entwicklung PMD-basierter Systeme dar. Außerdem ist auf die Einhaltung der Laser-Schutzbestimmungen zu achten. Falls die Probleme gelöst werden, stellt die PMD-Technik eine ernstzunehmende Alternative zu anderen Sensoren im Nah- und Mittelbereich dar.

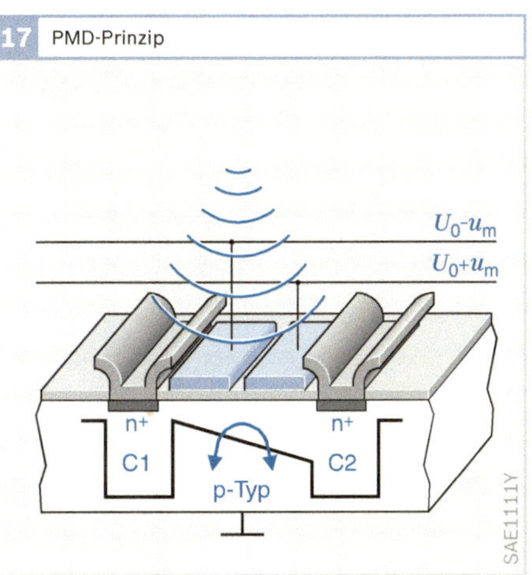

16 Blockdiagramm Range-Imager

17 PMD-Prinzip

Verständnisfragen

Die Verständnisfragen dienen dazu, den Wissensstand zu überprüfen. Die Antworten zu den Fragen finden sich in den Abschnitten, auf die sich die jeweilige Frage bezieht. Daher wird hier auf eine explizite „Musterlösung" verzichtet. Nach dem Durcharbeiten des vorliegenden Teils des Fachlehrgangs sollte man dazu in der Lage sein, alle Fragen zu beantworten. Sollte die Beantwortung der Fragen schwer fallen, so wird die Wiederholung der entsprechenden Abschnitte empfohlen.

1. Welche Sicherheitssysteme gibt es im Fahrzeug und woraus bestehen sie? Welche Funktionen haben sie?

2. Was sind typische Unfallursachen und wie können Unfälle vermieden werden?

3. Wie wird das Fahrverhalten eines Fahrzeugs beurteilt?

4. Welche typischen Fahrmanöver gibt es? Wie sind sie definiert?

5. Wie ist ein Reifen aufgebaut?

6. Wie ist der Reifenschlupf definiert?

7. Welche Kräfte und Momente wirken am Fahrzeug?

8. Welche Reibungskräfte gibt es und wie sind sie definiert?

9. Wie setzt sich der gesamte Fahrwiderstand des Fahrzeugs zusammen?

10. Wie verhält sich ein Fahrzeug bei Seitenwind?

11. Was versteht man unter Unter- und unter Übersteuern?

12. Welche Kräfte und Momente wirken beim Bremsvorgang?

13. Was ist die Aufgabe von Fahrerassistenzsystemen?

14. Wie werden Fahrerassistenzsysteme klassifiziert?

15. Wie funktioniert die Fahrzeuggrundumsicht?

16. Was versteht man unter Sensordatenfusion und wie funktioniert sie?

17. Wie funktioniert eine Fahrerzustandserkennung?

18. Wie werden Fahrerassistenzsysteme entwickelt?

19. Welche Interaktionskanäle gibt es bei der Mensch-Maschine-Interaktion?

20. Wie funktioniert das Mensch-Maschine-Interface?

21. Wie ist ein Kombiinstrument aufgebaut?

22. Wie werden Warnmeldungen gestaltet?

23. Welche Integrationsstufen gibt es bei Sensoren im Kraftfahrzeug?

24. Wie funktioniert ein Raddrehzahlsensor?

25. Wie funktioniert ein Hall-Beschleunigungssensor?

26. Wie sind mikromechanische Drehratensensoren aufgebaut und wie funktionieren sie?

27. Wie ist ein Lenkradwinkelsensor aufgebaut und wie funktioniert er?

28. Wie ist ein Hydroaggregat aufgebaut und wie funktioniert es?

29. Wie wird der Druck moduliert?

30. Wie funktionieren Ultraschallsensoren?

31. Wie funktionieren Radarsensoren?

32. Wie funktioniert eine Radar-Signalverarbeitung?

33. Wie funktioniert ein Lidar-Sensor?

Abkürzungsverzeichnis

A

A/D: Analog/Digital
ABS: Antiblockiersystem
ACC: Adaptive Cruise Control (Adaptive Fahr-
geschwindigkeitsregelung)
ADC: Analog Digital Converter (Analog-digital-
Wandler)
AKSE: Automatische Kindersitzerkennung
AMLCD: Active Matrix LCD (aktiv adressiertes
LCD)
AMR: Anisotrop magnetoresistiv
ASC: Anti-Slipping-Control (Antriebsschlupf-
regelung)
ASIC: Application Specific Integrated Circuit
(anwendungsbezogene integrierte Schaltung)
ASR: Antriebsschlupfregelung
AV: Auslassventil

B

BA: Bremsassistent
BDW: Brake Disc Wiping
BL: Belt Lock (Switch)

C

C2CC: Car to Car Communication
C2IC: Car to Infrastructure Communication
C2X: Sammelbegriff für C2CC und C2IC
CAHR: Crash Active Head Rest (Crash-aktive
Kopfstütze)
CAN: Controller Area Network (Steuergeräte
Datennetzwerk)
CCD: Charge Coupled Device
CD: Compact Disc
CDD: Controlled Deceleration for Driver Assis-
tance Systems
CDP: Controlled Deceleration for Parking Brake
CMOS: Complementary Metal Oxide
Semiconductor
CPU: Central Processing Unit (Zentrale Rechen-
einheit des Mikrocontrollers)
CROD: Crash Output Digital
CRT: Cathode Ray Tube (Bildröhre)

D

DAB: Digital Audio Broadcast
DC: Direct Current (Gleichstrom)
DRO: Dielektrischer Resonanz-Oszillator
DRS: Drehratesensor
DSP: Digitaler Signalprozessor

DSRC: Dedicated Short Range Communication
D-STN-LCD: Double Super Twisted Nematic LCD
DVD: Digital Versatile Disc

E

EBP: Electronic Brake Prefill
EBV: Elektronische Bremskraftverteilung
ECU: Electronic Control Unit (Steuergerät)
EDC: Electronic Diesel Control (Elektronische
Dieselregelung)
EEPROM: Electrically Erasable Programmable
Read-Only Memory
EGAS: Elektronisches Gaspedal (Elektronische
Drosselklappenasteuerung)
EHB: Elektrohydraulische Bremse
EIRP: Equivalent Isotropic Radiated Power
EMP: Elektromechanische Parkbremse
EPCD: Early Pole Crash Detection
EPP: Electronic Pedestrian Protection
(elektronisches Fußgängerschutzsystem)
ESoP: European Statement of Principles (on HMI)
ESP: Elektronisches Stabilitätsprogramm
EU: Europäische Union
EV: Einlassventil

F

FAS: Fahrerassistenzsystem
FDR: Fahrdynamikregler
FFT: Fast Fourier Transformation
FIR: Fern-Infrarot
FIS: Fahrerinformationssystem
FLIC: Firing Loop Integrated Circuit
FM: Frequenzmodulation
FMCW: Frequency Modulated Continuous Wave
FMVSS: Federal Motor Vehicle Safety Standard
FSR: Full Speed Range (ACC für alle Geschwin-
digkeitsbereiche)

G

GIDAS: German In-Depth Accident Study (Unfall-
datenerhebung)
GMA: Giermomentaufbauverzögerung (ABS)
GPRS: General Packet Radio Service (Allgemeiner
paketorientierter Funkdienst)
GPS: Global Positioning System
GSM: Global System for Mobile Communications

H

HBA: Hydraulic Brake Asset (Hydraulischer Bremsassistent)
HD: Harddisc (Festplatte)
HDC: Hill Descent Control (Bergabfahrassistent)
HDRC: High Dynamic Range Camera
HF: Hochfrequenz
HFC: Hydraulic Fading Compensation
HHC: Hill Hold Control (Anfahrassistent)
HMI: Human Machine Interface (Mensch-Maschine Schnittstelle)
HMI: Human Machine Interaction (Mensch-Maschine Interaktion)
HRB: Hydraulic Rear Wheel Boost
HSV: Hochdruckschaltventil
HUD: Head-up Display
HZ: Hauptzylinder

I

IC: Integrated Circuit
IEEE: Institute of Electrical and Electronics Engineers
INVENT: Intelligenter Verkehr und nutzgerechte Technik
ISM: Industrial, Scientific, Medical
ISO: International Organisation for Standardization (Organisation für internationale Normung)

L

LCD: Liquid Crystal Display (Flüssigkristallanzeige)
LDW: Lane Departure Warning (Spurverlassenswarnung)
LED: Light Emitting Diode (Leuchtdiode)
LIDAR: Light Detection and Ranging
LRH: Lenkrollhalbmesser
LRR: Long Range Radar
LSF: Low Speed Following (Staufolgefahren)
LWR: Leuchtweitenregelung
LWS: Lenkradwinkelsensor

M

MBWA: Mobile Broadband Wireless Access
MC: Microcomputer
MME: Motormomenteneingriff
MOD: Mono-Objekt-Detektion
MOS: Metal Oxide Semiconductor
MOV: Mono-Objekt-Vertifikation
MSR: Motorschleppmomentregelung
MV: Magnetventil
µC: Mikrocontroller

N

n.c.: normally closed (stromlos geschlossen)
NF: Niederfrequenz
NHTSA: National Highway Traffic Safety Administration
NIC: Newly Industrialized Countries (Schwellenländer)

NIR: Nah-Infrarot
n.o.: normally open (stromlos offen)

O

OC: Occupant Classification
ODB: Offset Deformable Barrier Crash (Offset-Crash gegen weiche Barrieren)
OMM: Oberflächenmikromechanik

P

PAS: Peripheral Acceleration Sensor (peripherer Beschleunigungssensor)
PBA: Predictive Brake Assist
PCS: Pedestrian Contact Sensor
PCW: Predictive Collision Warning
PEB: Predictive Emergency Braking
PIC: Periphery Integrated Circuit
PLL: Phase Locked Loop
PMD: Photonic Mixing Device
POI: Point of Interest
PPS: Peripheral Pressure Sensor (peripherer Drucksensor)
PSS: Predictive Safety System (Prädiktive Sicherheitssysteme)
PTT: Push to Talk

Q

QVGA: Quarter Video Graphics Array (320 x 240 Bildpunkte)

R

Radar: Radio Detection and Ranging (Erkennung und Entfernungsmessung mit Radiowellen)
RAM: Random Access Memory (Schreib-/Lesespeicher)
RDS: Radio Data System
ROM: Read Only Memory (Nur-Lese-Speicher)
ROSE: Rollover Sensing (Überrollsensierung
RS: Rotational-Speed Sensor (Drehgeschwindigkeitssensor)
RZ: Radzylinder

S

SA: Analoge Signalaufbereitung
SBC: Sensotronic Brake Control (Elektrohydraulische Bremse)
SBE: Sitzbelegungserkennung
SCON: Safety Controller
SCU: Sensor & Control Unit
SD: Secure Digital (Memory Card)
SG: Steuergerät
SMS: Short Message Service
SPI: Serial Peripheral Interface
SRR: Short Range Radar
SUV: Sport Utility Vehicle

T

TCS: Traction Control System (Traktionskontroll-
system)
TFT: Thin-Film Transistor (Dünnschichttransistor)
TIM: Traffic Information Memory
TMC: Traffic Message Channel
TN-LCD: Twisted Nematic LCD
TOF: Time of Flight
TPEG: Transport Protocol Experts Group

U

UFS: Upfront Sensor
UKW: Ultrakurzwelle
UMTS: Universal Mobile Telecommuncations
System
USA: United States of America (Vereinigte Staaten
von Amerika)
USV: Umschaltventil
UWB: Ultra Wide Band

V

VCO: Voltage-Controlled Oscillator
VDA: Verband der Automobilindustrie
VFD: Vacuum Fluorescent Display (Vakuumfluor-
eszenzanzeige)
VGA: Video Graphics Array (640 x 480 Bildpunkte)
VICO: Virtual Intelligent Co-Driver
VLSI: Very Large Scale Integration

W

WiMAX: Worldwide Interoperability for Microwave
Access
WLAN: Wireless Local Area Network

Z

ZP: Zündpille